독도를 걷다

독도 4계절 풍경과 꼭 알아야 할 상식

전 충 진

독도를 걷다
차례

004	프롤로그
008	독도지형
012	독도 가는 길
014	국토 동쪽 끝 독도
016	독도에 온 사람들
018	해가 뜨는 섬
020	6월 독도
022	석양의 초병
024	우리의 삶터
028	선상의 관광객들
030	독도의 미래
032	산악회 표석
038	한국령
041	대한민국 영토경계비
044	별빛 쏟아지는 밤
046	대통령, 총리 영토비
050	독도조난어민 위령비
054	큰가제바위서 본 독도
056	독도 땅값
057	명품 관광지, 독도
058	세금 내는 섬
060	독도사람들
062	독도 강치
066	독도새우
068	메탄하이드레이트

070	대한봉	134	삽살개
072	생명수	138	독도경비대 일상
076	물골 계단	142	위령비
078	탕건봉	144	깔따구
080	삼형제굴바위	146	독도 침탈의 역사
082	촛대바위	150	비 오는 독도
086	가제바위	152	천연기념물 사철나무
088	독도 수중	154	독도의 식물
090	독립문바위	158	독도 개척종 식물
092	한반도바위	160	해국이 만발한 섬
094	안용복장군바위	162	바다의 산물
096	전차바위	166	해양생물
098	악어바위	168	울릉도서 본 독도
100	선착장	170	독도서 본 울릉도
106	부채바위	172	동해
108	독도등대	176	해상경계
110	3인치 대포	178	눈 온 날 독도
114	독도우체통	182	일본 주장의 허구성
116	괭이갈매기	186	봄밤 독도
118	독도의 새들	188	대한제국 칙령
120	밤의 서도	190	영원한 아침 풍경
122	독도 도발의 뿌리	194	감사의 말씀
124	독도 전략적 점거의 증거	198	독도지킴이 명예의 전당
127	독도평화호		
130	경비대 교대		

긴 시간 배를 타고, 멀미를 참아가며
당신은 왜 독도로 가는가?
독도 가는 당신에게 묻는다.

질문 하나
독도는 유인도일까? 무인도일까?

질문 둘
"국제법상 유인도의 조건은
물과 나무가 있고 인간이 살아야 한다."
맞을까? 틀릴까?

질문 셋
일본이 노린다는 메탄하이드레이트,
독도 인근 12해리 바다 속에
있을까? 없을까?

#1
브라질 상파울루 국제학교
한국어 선생님이 전한 이야기다.

    다국적 학생이 다니는 국제학교에서 한국과 일본 아이들 사이에 독도 논쟁이 벌어졌다. 일본 아이들은 그들이 교육받은 대로 조목조목 들이대며, 독도를 자기네 섬이라고 주장했다. 한국 아이들은 우리 경찰이 지키고 있다면서 "독도는 한국 땅"이라고만 소리쳤다. 실랑이 끝에, 한국 아이들은 분에 못 이겨 울음을 터트리며, 한국어 선생님을 찾아 교무실로 몰려들었다. 선생님은 아이들에게 독도가 우리 땅인 근거를 가르쳐 주겠노라고 달래놓고 영사관을 찾아갔다. 영사관 직원에게 독도에 대해 알고 싶다고 했더니 그는 독도 홍보자료와 전문서적을 한 아름 내놓으며 "여기를 찾아보면 나올 것"이라고 했다. 선생님은 절망했다. 엄연한 우리 땅 독도를 설명하는 것이 이렇게 어려운 일인가 하고 가슴이 답답했다는 것이다.

    나는 이 한 권의 책이 절망한 상파울루 한국어 선생님의 묵은 체증을 뚫어줬으면 한다.

#2
우리 국민 누구나 "독도, 독도"를 외치면서도 독도의 실상에 대해서는 너무 모른다.

지난 10여 년간, 약 200여 회 독도 강연을 다녔다. 강연을 시작하기 전, 초등학생부터 고교 독도 지도교사에게까지, "왜 독도가 우리 땅이라고 생각하는가?"라고 물었다. 절반은 꿀 먹은 벙어리가 되고, 절반은 "울릉도 동남쪽 뱃길 따라…"로 시작되는「독도는 우리 땅」노래를 불러 젖혔다.

한번은 목수인 일본인 친구와 식사하는 자리에서 독도가 화제에 올랐다. 물론 그는 내가 독도 관련 책을 두 권 출간했다는 것을 이니까, 아바추어 입장에서 묻듯이, 가볍게 이야기를 꺼냈다. 독도 이야기가 차츰 열기를 더할수록 샌프란시스코조약, 그리고 이승만라인 등에 대해 날짜까지 들먹이며 조목조목 압박(?)해 왔다. 나는 정신이 번쩍 들었다. 평범한 일본 시민의 독도 상식 수준이 우리나라 전문가 못지않은 데 충격을 받은 것이다. 과연 그런 자리에서「독도는 우리 땅」가사를 주워섬긴다면 어떻게 될까! 생각만 해도 오싹했다.

나는 2008년 9월부터 2009년 8월까지 1년간 우리나라 최초 독도상주기자로 독도에서 생활했다. 그것을 계기로 사이버대학 독도과 교수와 경상북도 독도정책과에서 연구팀장으로 재임했다. 15여 년간 독도에 대해 취재하고, 연구하면서 독도 문제의 핵심을 확인할 수 있었다. 바로 그것, '우리나라 국민이 꼭 알아야 할 독도 상식'을 이 책에 담았다. 또 책 속에는 일반인들이 쉽게 접할 수 없는 독도 사계절 풍경 사진들도 담겨 있다. 책장을 훌훌 넘기면서 독도의 역사를 톺아보고, 독도의 비경을 감상했으면 한다.

　모쪼록 이 한 권의 책으로 우리 국민 누구나 독도를 쉽고, 재미있게 이해할 수 있기를 기대한다. 이로써 우리나라 사람 모두가 일본 국민 이상으로 독도에 대한 상식을 갖추길 나는 간절히 소망한다. 사족을 붙이자면, 서두의 세 가지 질문에 대한 답은 '독도를 걷는' 동안 저절로 알게 될 것이다.

독도지형

큰가제바위
작은가제바위
서도
지네바위
탕건봉
김바위
가제굴
상장군바위
군함바위
물골
금강계곡
대한봉
넙덕바위
미역바위
물골 계단
주민숙소
(서도 선가장)
코끼리바위
보찰바위

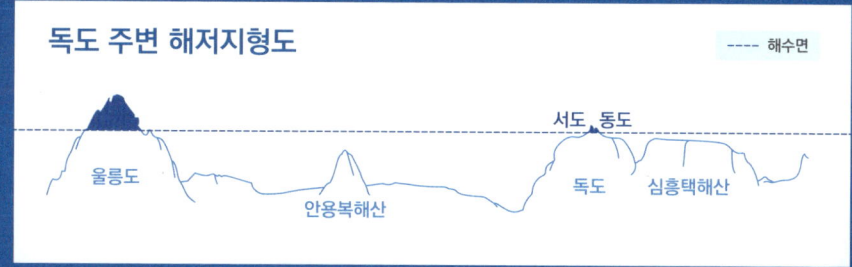

독도 주변 해저지형도

---- 해수면
서도 동도
울릉도
안용복해산
독도
심흥택해산

동도
삼형제굴바위
닭바위
촛대바위
구등대터
우산봉
구부두
한반도바위
천장굴
물오리바위
독도영토표석
헬기장
독립문바위
첫섬
동도 선착장
독도등대
숫돌바위
위령비
얼굴바위
영토표석
부채바위
전차바위
망양정
해녀바위
촛발바위

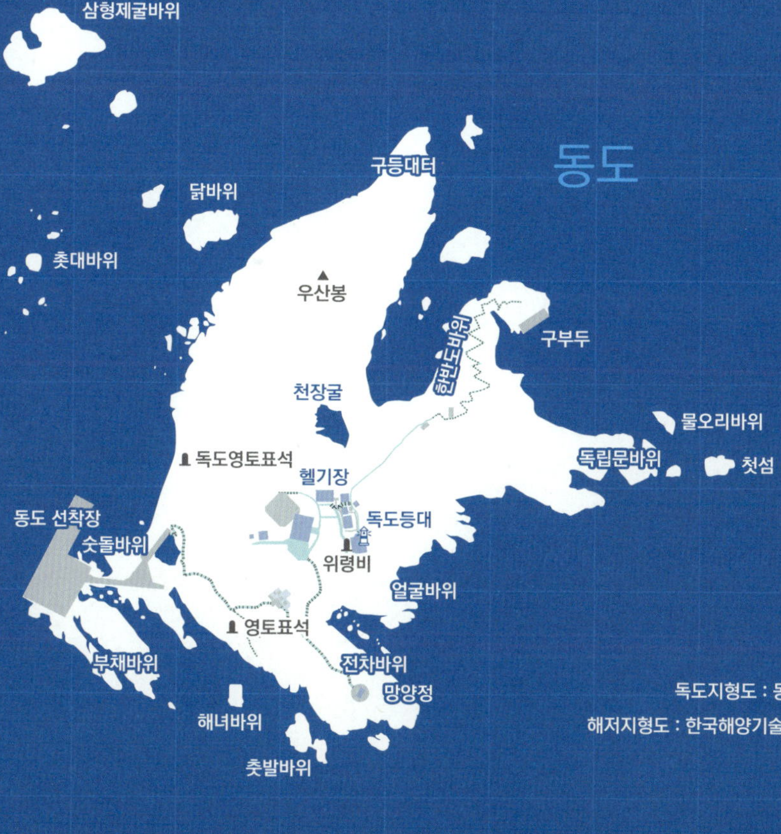

독도지형도 : 동아지도 참고

해저지형도 : 한국해양기술원 자료 참고

독도 동도의 봄날 저녁 풍경

독도, 직립한 우리의 혼

 바다는 늘 하늘에 맞선다. 바다와 하늘의 대립은 언제나 팽팽하다. 망망대해, 문득 바다와 하늘의 양립을 깨는 하나의 점이 있다. 그 파격은 바다를 하늘로, 하늘을 바다로 매개한다.

 동쪽 바다 아스라이 일렁이는 물결 따라 자맥질하는 하나의 소실점. 그 점은 시간이 흐름에 따라 서서히 섬으로 윤곽을 드러낸다. 이윽고 눈 안으로 들어차 끝내 가슴을 가득 메우는 섬⋯. 동해 한가운데, 거기에 독도가 있다.

동해 바닷길을 헤치고 동으로, 동으로 달려가다 보면 어느 순간 한 점이 나타난다.
독도와의 첫 조우는 그렇게 시작된다.

강건하지 아니한가
당당하지 아니한가

저것은 한민족 기상이고
저것은 한반도 상징이다

독도는 직립한 우리의 혼
독도는 저 홀로 꿋꿋하다

한반도 동서 영토경계는 독도와 비단섬

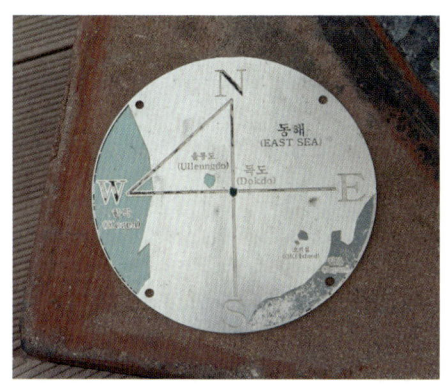

독도에 설치된 도로원표

대한민국은 삼면三面이 바다로 둘러싸인 해양 국가다. 대륙과 연결된 반도의 북쪽 끝은 함경북도 온성군 풍서리 유원진(북위 43°06′36″)이다. 나머지 세 방위는 바다로 경계 지어진다. 남쪽 끝은 제주특별자치도 서귀포시 대정읍 마라리(북위 33°06′43″), 서쪽 끝은 평안북도 용천군 마안도(일명 비단섬, 동경 124°10′47″), 동쪽 끝은 경상북도 울릉군 울릉읍 독도리(동경 131°52′22″). 이것이 대한민국 4방위 경계다.[1] 일제강점기인 1937년에 이미 육당 최남선은 우리나라 극동은 '경상북도 울릉군 독도리'라고 확인하여 발표한 바 있다.[2]

대한민국 영토 동쪽 끝은 독도리다.

---

1) 남한에 한정하면 북쪽 끝은 강원도 고성군 현내면 대강리(북위 38°36′40″)이며, 서쪽 끝은 인천광역시 옹진군 백령면 연화리(동경 124°36′36″)이다.
2) 육당 최남선은 1937년 〈매일신보〉에 실렸던 「조선상식」이란 연재물을 수정·보충하여, 1946년 『조선상식문답』을 발간했다. 그 가운데 '우리나라 동서남북의 극단은 어디입니까'라는 문답에서 극동을 '경상북도 울릉군 독도리'로 적고 있다.(최남선 지음, 문형렬 해제, 『조선상식문답』, 기파랑, 2011)

당신의 독도사랑 순도(純度)는?

당신 가슴속 독도는 어떤 독도인가? 대한민국 국민이면 누구나 저마다의 독도를 마음속에 품고 있다. 독도에서 영웅들의 시대는 지나갔다. 이 시대, 우리 모두는 안용복과 같은 '독도 영웅'인 것이다.

독도에서는, 독도에 대한 나의 사랑이 너의 사랑보다 더 깊다고 말할 수 없고, 나의 애국이 너의 애국보다 더 크다고 말할 수 없다. 이곳에서 외치는 독도사랑, 나라사랑은 제각각 순도 100%다.

울릉도·독도에서 펼쳐진 철인3종경기 중
독도 수영에 참가한 선수들이 서도를 한 바퀴 돌아온 후
"독도는 한국 땅"을 외치고 있다.

뭍에서는 아래 위를 묻고, 오른쪽 왼쪽을 따질지 몰라도, 독도에서는 그 누구도 어느 편인가 묻지 않는다. 독도 또한 그 누구도 편애하지 않는다. 독도에서는 '독도는 한국 땅' 그 하나로 모두 동지가 되고 민족이 된다. 가히, 독도는 우리나라 사람 모두의 독도다. 독도는 대한민국인 것이다.

독도를 방문한 종군위안부 피해자 이용수 할머니가 "독도님, 독도님! 제가 왔습니다"라며 큰절을 올린 후 독도의 평안을 기원하고 있다.

해가 뜨는 섬 독도

해가 뜬다. 독도 저 멀리 동쪽 바다에서 태양이 솟구친다. 해가 뜨는 신생新生의 시간. 나날이 여상할지라도 이 순간은 누구에게나 경건하다. 독도로부터 '오늘'을 열어젖힌 저 태양은 이제 곧 대한민국 강토를 비추며, 그곳 사람들이 도모하는 하루를 지켜볼 것이다.

붉게 솟아오른 저 신성神聖. 이런 신령함 앞에서는 누구나 태양신의 숭배자가 된다. 독도 일출, 이 순간은 대한민국 국민 모두가 함께해야 할 장엄이다.

독도 동도를 배경으로 아침 해가 떠오르고 있다.

07시 26분. 대한민국에서 가장 먼저 해가 뜨는 곳, 독도의 1월 1일 일출 시각이다. 육지에서 가장 먼저 해가 뜨는 울산광역시 간절곶의 일출 시각은 07시 31분이다. 기상청 통계를 보면, 독도에서 완벽한 일출을 볼 수 있는 날은 1년 중 50여 일에 지나지 않는다. 그래서 독도에서도 일출은 귀하다.

바람과 파도가
바위를 지배하는 궁벽한 섬
독도 일출은 독도가 베푸는
가장 큰 선물이요, 위안이다

독도 입도는 6월이 최고

"독도에 입도하기는 언제가 가장 좋은가?" 독도를 여행하고자 하는 사람들이 가장 많이 묻는 말이다.

1년간 독도 현지 생활 경험과 연중 독도해상 기상을 감안했을 때, 6월이 '무사 입도' 확률이 가장 높다. 다음부터는 6월을 중심으로 앞 뒤쪽으로 멀어질수록 입도 가능성이 점점 떨어진다. 지수로 따져 6월을 100으로 가정하면, 5월과 7·8월이 80 정도, 4·9월이 70 정도, 3·10월은 60 정도로 보면 된다. 그 외 11월은 접안이 어렵고, 12·1·2월은 독도에 아예 연락선이 다니지 않는다.

독도등대와 망양정 중간 구름 사이로 초겨울 아침 해가 솟아오르고 있다.

동해를 살피는 매의 눈

동해를 살피는 초병의 눈이 날카롭기만 하다. 매의 눈은 독도를 범하려는 무리들로부터 섬을 빈틈없이 경계한다. 우리 경찰은 언제부터 이 섬을 지켰을까?

일본이 패망한 1945년, 동해의 끝 섬 독도는 우리 품으로 돌아왔다. 그러나 우리가 미군정시대와 6.25전쟁을 거치는 혼란기 동안은 독도에 경찰을 파견할 여력이 없었다. 이 틈을 타서, 일본인들이 월경越境하여 독도에 갖은 해코지를 했다. 이를 보다 못한 울릉도 청년들이 독도를 지키고자 팔을 걷고 나섰다. 1954년 4월, 전쟁에서 돌아온 제대 군인들이 독도의용수비대를 결성한 것이다.[1] 독도의용수비대 활동을 계기로 울릉경찰서는 독도에 경찰을 파견하는 한편, 1955년부터는 독도의용수비대원 일부를 경찰로 임용하여 독도를 지키도록 했다. 경찰력의 빈 공간을 메웠던 독도의용수비대는 1956년 12월 31일부로 임무를 공식 종료했다. 경비 업무 일체를 경찰에 인계한 것이다.[2] 이후 대한민국 경찰이 70년 세월 동안 독도에 대해 경비 임무를 수행하기 시작했다. 독도는 이렇듯 젊음의 피와 땀이 응결되어 오늘날 동해의 보석으로 빛나고 있는 것이다.

---

1) 독도의용수비대장 수훈 공적 조서.
2) 일부 자료는 경찰 공식 인수 일자를 1956년 4월 8일로 기록.

초병아,
너의 빛나는 눈빛으로
독도는
오늘도 의연하다

독도에서 한판 신명떨이가 펼쳐졌다. 전라도 사람들이 도민체전 성화 채화採火를 위해
독도에 와서 사물놀이를 벌이고 있다.

예로부터 독도는
전라도 어민들의 삶터

'독도와 전라도가 무슨 관계…?' 더러 의아해하는 사람들이 있다. 전라도 사람들은 조선시대부터 독도와 깊은 인연을 맺어 왔다. 특히 바다에 잇대어 생을 꾸리는 흥양현 일대 삼도(거문도, 초도, 손죽도)와 고흥반도 사람들이 그랬다. 그들은 예로부터 타고난 배꾼들로, 한반도 연안을 종횡무진 누비며 해상 운송업에 종사했다. 그때문에 그곳 사람들은 울릉도와 독도를 누구보다 잘 알고 있었다.

울릉도와 독도는 조선 초 태종 연간부터 줄곧 「쇄환정책刷還政策」을 시행해 왔다. 이는 왜구의 피해를 막고자, 낙도落島뿐만 아니라 연안의 섬에도 사람이 살지 못하도록 하는 전략적 소개疏開 조치였다.

쇄환정책에도 불구하고, 전라도 사람들은 '우산·무릉(울릉도·독도)'을 수시로 드나들었다. 전라도에서도 흥양현 일대는 소나무가 가장 많은 지역이었다.[1] 그러나 이 지역은 수군水軍이 병선兵船을 짓기 위해 소나무를 보호하여 백성들이 베는 것을 엄금했다. 그 탓에 주민들은 배를 만들기 위해 숲이 울창한 울릉도로 건너간 것이다.

---

1) 세종 30년 '소나무 생산지' 기록에 따르면, 인근 광양현이 1개소임에 비해 흥양현은 18개 소로 나타났다.

봄철에 울릉도로 들어가 아름드리나무를 찍어 배를 만들면서, 틈틈이 뗏목을 엮어 독도로 건너가 '가제(바다사자)'를 잡고 전복도 땄다.[2] 가을이면 새로 지은 배에 헌 배를 연결하여, 두 배 가득 해산물과 목재를 싣고 전라도로 돌아왔다.

거문도 사람들이 울릉도에서 배를 짓는 것을 목격했다는 기록은 외국 사료에도 나타난다. 1787년 울릉도 해역을 조사한 프랑스 탐험대 라페루즈호 항해일지에 그 사실이 적혀 있다.[3]

예로부터, 울릉도는 우리 조상들의 생활공간이었다. 그에 딸린 독도는 특히 전라도 사람들의 바다 사냥터였다. 일본은 독도를 '주인 없는 땅'이라고 억지부리지만, 그 섬은 결코 '버려진 섬'이 아니었다.

---

2) 민국일보 1962년 3월 20일 자 '거문도 뱃사람 출신 김윤삼(1875년생) 옹' 인터뷰 내용.
  20세(1895년)가 되던 여름철에 천 석짜리 무역선 5, 6척이 원산을 거쳐 울릉도에 도착하여 그 울창한 나무들을 찍어 뗏목을 지었다. 날이 맑을 때면 동쪽 바다 가운데 어렴풋이 섬이 보였다. 나이 많은 뱃사공에게 저것이 무엇이냐고 물었다. "저것은 돌섬(石島=獨島의 별칭)인데 우리 삼도에 사는 김치선(지금부터 140년 전) 할아버지 때부터 꼭 저 섬에서 많은 '가제'를 잡아간다고 가르쳐주었다. 일행 수십 명은 원산 등지에서 명태 등을 실은 배를 울릉도에 두고 뗏목을 저어 이틀 만에 약 2백리 되는 '돌섬'에 도착했다. 섬이 온통 돌바위로 되어 있었는데 사람이라곤 한 사람도 없었다 한다. 돌섬은 큰 섬 두 개 그리고 작은 섬이 많이 있는데 큰 섬 두 섬 사이에 뗏목을 놔두고 열흘 남짓 있으면서 '가제'도 잡고 미역, 전복 등을 바위에서 땄다. 그리고 울릉도에 다시 돌아와 부산이나 대마도로 가서 일본 사람들에게 팔았는데 '가제'를 퍽 좋아했다고 한다. '가제'의 살은 먹고 가죽을 가지고 신발 등도 해 신었다 한다.
3) 라페루즈 일지 기록 : "탐험대가 섬을 발견하고 '다줄레 섬'으로 명명한 후 해안으로 다가가니 배를 건조하던 사람들이 숲속으로 달아났다. 섬에서 110km밖에 안 되는 육지에 사는 조선인 목수들이 식량을 가지고 와서 여름 동안 배를 건조하여 육지에 가져다 파는 것으로 보인다. 다른 작업장의 일꾼들 역시 선박 건조 작업을 하는 중이었다."

독도,
삼대가 덕을 쌓아야 밟는 섬(?)

"독도는 삼대三代가 덕德을 쌓아야 밟아 볼 수 있다."
독도를 방문하는 사람들이 흔히 듣는 소리다. 과연 그럴까?

주민이 1만 명이 채 못 되는 울릉도에 한 해 평균 방문객은 32만 2천여 명이다. 이들 가운데 독도를 방문한 사람은 평균 18만 5천 명. 울릉도 방문객 절반이 넘는 57.4%가 독도에 가는 사람들이다. 울릉도서 독도로 가는 배는 한 해 평균 615회 운항되었다.[1] 2016년 이후 1년 중 독도를 들어갈 수 있었던 날은 184일로, 연중 독도 접안율은 54%다. 그러나 울릉도를 출항한 후 독도 부두에 닿은 횟수로 기준하면 열 명 중 한 명(접안율 90.3%)이 입도를 하지 못한 셈이다.

우리나라 사람을 대상으로 '한국의 대표적인 섬을 어디라고 생각하는가?'라는 설문조사를 한 적이 있다. 66%가 울릉도와 독도를 꼽았다.[2] 그만큼 울릉도와 독도는 우리 가까이 있는 섬이고, 모두가 친근하게 느끼는 섬이다.

---

1) 2016년부터 2022년까지 7년간 통계.
2) 한국해양수산개발원 2019년 6월 국민 1,023명 대상 「국민 섬 인식 조사」 결과.

선상 관광객들이 독도경비대 초병을 향해 손을 흔들고 있다.

독도는 동해 저 너머에 있는 미지의 섬이 아니다. 다른 섬보다 결코 발 딛기 어려운 곳도 아니다. 독도 입도를 두고 '삼대 덕'을 말하는 것은 지나치다. 한 해 20만 명이 넘는 사람들이 독도를 다녀감으로 독도는 더 이상 외로운 섬이 아니다.

일본은 청소년들에게
독도를 이렇게 가르친다

　일본 아이들은 독도를 어떻게 배우고 있을까? 2000년대 초반만 해도 일본 아이들은 독도라는 섬이 있는지 잘 알지도 못했다.[1] 당시는 독도와 관련하여 극소수 일본 우익 교과서에서 "일본은 한국과 국경 문제에 이견異見이 있다"고 기술하는 정도였다. 그러던 것이 2008년 일본 문부성이 중학교 새 「교과서해설요령」에 '독도에 대한 일본 영유권'을 명기하도록 했다. 이를 신호탄으로 일본

---

1) 일본 여론조사기관의 발표에 따르면 2005년까지 독도(일본명 다케시마)를 안다는 학생은 2.5%에 불과했으나, 10년 후 2015년에는 70% 이상의 학생이 독도를 알고 있다고 답했다.

동도 선착장에서 고사리 주먹들이 태권도 품새 시범을 보이고 있다. 독도를 지키겠다는 동심童心이 그저 대견스럽다.

청소년의 독도 왜곡 교육이 본격화되었다.[2] 그나마 2012년까지는 독도에 대해 간접적인 명기 방식을 택했다. 2013년 「교육진흥기본계획」 제2기가 시작되고부터는 교과서 왜곡을 노골화했다. "독도는 일본의 고유 영토"라고 본격 서술하기 시작한 것이다. 이후, 2018년에는 고등학교 교과과정을 개편하여 영토 교육을 강화하도록 했다. 파상波狀 공세는 여기서 그치지 않고, 2019년 3월, 초등학교 4~6학년 교과서에 독도 교육을 본격화하겠다고 발표했다. 2020년부터 지리, 사회, 역사, 공민, 일반사회 등의 교과서는 다음과 같이 기술하고 있다.

"다케시마(독도의 일본식 표현)는 일본 고유의 영토이며 한국이 불법점거하고 있다. 일본이 국제사법재판소 제소를 요구하지만 한국은 거부하고 있다."

이로써 일본 초·중·고교 모든 교과서의 독도 왜곡이 완성되었다. 과거 침략제국주의시대와 다름없는 독도교육을 받는 일본 2세들. 장차 이들은 독도를 과연 어떻게 말할 것인가! 우리 2세들의 독도 영토관이 확고해야 하는 이유가 여기에 있다. 이 때문에 우리 아이들 뼈가 여물어갈수록 독도 사랑 또한 깊어지기를 기대하는 것이다.

---

2) 미국 국무부는 국가별 인권보고서에서 일본 정부의 역사교과서 왜곡을 2007년부터 2022년까지도 매년 지적하고 있다. 보고서는 "일본의 역사교과서에 대한 정부의 검정은 여전히 논란이 많은 사안"이라고 기술하고, "과거에도 그래왔듯 특히 20세기 식민지 및 군사 역사를 다루는 데에 있어 역사교과서 검정과정은 계속해서 논란의 대상이 되어왔다"고 지적했다.

1947년 울릉도·독도 학술조사단이 세운 비석이 1959년 사라호 태풍 때 유실된 후 2005년 8월 15일 경상북도에서 처음의 비석을 복원하였다. 그러나 비석 뒷면에 새겨진 'LIANCOURT(리앙쿠르)' 표기가 논란이 되어, 철거한 후 2015년 한국산악회가 'DOKDO KOREA'를 새긴 비석을 현재 자리에 다시 세웠다.

샌프란시스코조약 이전 독도를 행정 관리한 공식 증거

동도 몽돌해변에는 '독도, DOKDO KOREA' 비석이 서 있다. 한국산악회가 세운 이 작은 비석은 현대 우리나라 독도 관리의 표징이다. 1947년 4월, 당시는 연합군최고사령부(SCAPIN) 지령 677호(1946. 1. 29.) 일명 「맥아더라인」과 지령 1033호(1946. 6. 22.) 「일본의 어업 및 포경업 허가구역에 관한 건」을 발령하여 일본인의 독도 접근을 원천적으로 금지시킨 시기였다. 그럼에도 불구하고, 아직 침략제국주의 망상에서 깨어나지 못한 한 무리 일본인들이 불법 잠입하여 독도로 들어왔다. 무장한 일본인은 독도에서 미역을 따는 울릉도 어민들을 향해 총격을 가하는 만행을 저질렀다. 이 사건은 일본이 해방 이후 저지른 첫 독도 도발로, 경상북도를 통해 중앙정부에 보고되었다. 1947년 6월 20일 자 신문은 '왜적 일인의 얼빠진 수작'이란 제목으로 당시 사건을 상세히 설명하고 있다.[1]

---

1) 「대구시보」 보도 내용.(현대문으로 수정) "…미역 등의 산지로 유명한 우리 도서를 해적 일본이 저희 본토에서 128리나 떨어져 있으면서도 뻔뻔스럽고도 주제넘게 저희네 섬이라고 하며, 최근에는 도근현 경항(境港, 사카이항)의 일인 모※가 제 어구漁區를 소유하고 있는 모양으로 금년 4월 울릉도 어선 한 척이 독도 근해로 출어 나갔던 바 이 어선을 보고 기총소사를 감행한 일이 있다고 한다.…" (정병준, 「독도1947」, 돌베개, 2010, 재인용)

※ 인용문 중 '기총소사'는 총격의 오보로 추정

일본의 도발 후 우리 정부는 조직적으로 대응했다. 1947년 8월 중순, 과도정부 안재홍 민정장관이 독도조사단을 파견하기로 결정한 것. 역사학자 신석호 국사관장을 필두로 외무처 추인봉 일본과장, 문교부 이봉수 편수사, 수산국 한기준 기술사로 독도조사단을 꾸렸다. 독도조사단은 「국토구명究明사업」[2]을 위해 이미 울릉도 학술조사를 추진하고 있던 조선산악회(한국산악회 전신, 단장 송석하 국립민족박물관장) 회원 63명과 합류한다. 그 결과, 독도조사단은

1953년 울릉도·독도 학술조사단이 독도 영토비를 건립하고 있다.
사진 「한국산악회」 제공

[2] 1945년 9월 창립된 조선산악회는 이미 1946년 2~3월 한라산 학술등반대를 파견하여 제1차 국토구명사업을 수행한 이력이 있다. 이 사업은 해방 후 우리 영토의 실태를 확인하고, 실측實測하기 위한 역사役事였다. 제2회 국토구명사업은 오대산·태백산맥학술조사대 파견이었으며, 1947년 7월 소백산학술조사대 활동 후 8월에는 울릉도·독도에 대한 조사에 나섰다.

역사, 지리, 사회, 민속, 지질, 식물 등 각 분야의 전문가와 경상북도 조사단 등 80여 명이 참가하는 대규모 「울릉도·독도학술조사대」로 꾸려져 출발하게 되었다.

조사대는 8월 17일 대구를 떠났다.[3] 포항에서 11시간 항해 끝에 19일 울릉도에 도착하여 하루 묵은 후, 20일에는 독도 동도와 서도 사이에 닻을 내리고 무사히 상륙했다. 대원들은 독도를 측량하고 광물, 식물을 채집하는 등 본격적인 탐사 활동을 펼치고 8월 28일 서울로 돌아왔다.

학술조사대가 포항-울릉도뿐만 아니라, 울릉도-독도 사이를 오갈 때에는 해안경비대 소속 함정인 「대전환大田丸」이 동원되었다. 대전환은 미군정하 국방부인 통위부 소속 관용선官用船으로, 과도정부의 지원에 따라 미군정의 항해 허가를 받은 후 운항된 것이었다.

이후에도 한국산악회는 1952년과 1953년 두 차례에 걸쳐 울릉도·독도학술조사단을 파견하게 된다. 세 번째 조사에서 일본인들이 상륙하여 '죽도竹島' 표목을 세워둔 것을 철거하고 1953년 10월 14일 '독도' 석비를 설치하였다. 그러나 그 표석마저 유실되어

---

3) 조선산악회의 울릉도 학술조사는 1946년부터 계획되어, 1947년 8월 11일 출발할 예정이었으나 일본의 도발에 따라 과도정부의 독도조사단이 합류함으로써 8월 17일 출발한 것으로 확인되었다.(홍성근, 「1947년 조선산악회의 울릉도학술조사대 파견경위와 과도정부의 역할」, 『영토해양연구』 Vol 23, 2022.6)

2015년 광복 70년, 한국산악회 70년을 맞아 현재의 비석을 세우게 된 것이다.[4]

이 작은 비석은 우리 정부가, 1947년 미군의 승인하에, 독도를 조직적으로 조사했음을 확인시켜 주고 있다. 이 사실은 곧 미군정이 독도가 한국 영토임을 인정한 증표이기도 하다. 그럼에도 일본은 샌프란시스코조약 체결(1951. 9. 8.) 당시 '한국은 독도를 몰랐다'고 주장했다.

1947년 독도 탐방에 나선 울릉도·독도학술조사단원이 동도 몽돌해변에서 식기를 씻고 있다. 이 사진은 보도반원으로 참가한 최계복 씨가 촬영한 것으로 2001년 유족에 의해 첫 공개되었다.
사진 「최계복추모사진전 운영위원회」 제공

---

4) 당초 비석 후면에는 1952년 8월 15일로 명기되어 있었다.

038　한국령

독도의 상징, 한국령

독도를 가장 독도답게 보여주는 것은 독도경비대 앞 「한국령韓國領」 각석문刻石文일 것이다. 동도를 오르면 누구나 이 한국령 앞에서 사진을 찍는다. 이 각석문은 독도 영토 비문 중 가장 크고 뚜렷하다. 한국령은 독도의용수비대의 작품으로, 1954년 10월에 새겼다.[1]

독도의용수비대 제2지대장을 맡았던 정원도 옹은 "1954년 몇월인가 홍순칠 대장이 가깝게 지내던 이북 출신 울릉도 서예가 한진호(1995년 작고) 씨에게 부탁해서 글씨를 받았다"고 증언했다.

독도의용수비대 제2지대장을 맡았던 정원도 옹이 한국령 각석문 제작 경위에 대해 설명하고 있다.

---

[1] 한국령 각석문 제작과 관련한 공식 기록은 없지만, 매일신문 자료와 홍순칠 대장의 수기, 독도의용수비대장 정원도(울릉읍 도동3리) 옹의 증언을 종합했을 때 10월 19일로 추정된다. 1954년 10월 22일 자 매일신문은 이에 대해 '(3일 전) 경찰국장으로부터 무기와 판자를 얻어와 집을 짓고 바위에 한국령을 새겼다'고 기록하고 있다.

굳센 필치의 한국령은 6.25전쟁 이후 우리의 독도 수호 역사를 보여주고 있다. 각석문 뒤로는 오늘도 태극기가 힘차게 휘날린다.

독도경비대에서 3인치포대로 가는 동도 정상 암반에 한국령을 알리는 각석이 새겨져 있다.

한진호 씨 유족 증언에 따르면, 1954년 정부의 요청으로 석공을 대동하고 독도로 건너가 독도경비대 앞 「韓國領」분만 아니라 이들 두 「韓國」 각석문도 직접 새겼다고 한다. (독도박물관 연구총서 「한국인 삶의 기록 독도」 재인용)

1953년 9월 24일 경상북도가 일본의 독도 도발에 맞서 동도 몽돌해변에 영토비를 세웠다.

여기는 대한민국 독도리

    1951년 이승만 대통령은 『인접해양의 주권에 대한 대통령 선언』을 발표했다. 「평화선」 또는 「이승만라인」으로도 불린다. 이 동해상의 한일 간 경계선은 연합국최고사령부 지령(SCAPIN) 677호를 승계하여, 독도 동쪽으로 그어졌다. 그러나 일본 어선들은 대통령 선언 이후에도 계속해서 국경을 침범해 왔다.

1953년 9월 24일 변영태 외무부 장관은 「독도 문제 관계관회의」를 열었다. 외무부 장관은 일본의 독도 불법 침범에 대응하도록 백한성 내무부 장관에게 독도에 측량표 설치를 요청했다. 이에 내무부는, 10월 7일자로 경상북도지사에게 통첩문을 보냈다. 측량표를 조속히 설치할 것을 명령한 것이다.

경상북도는 '독도가 대한민국 영토임을 대내외에 천명할 수 있는 유형적 증거'로서 11월 20일 자 표석 건립을 목표로 사업을 추진했다. 그러나 겨울철로 접어들면서 거센 파도로 뜻을 이루지 못했다. 7전 8기[1]의 도전 끝에, 1954년 8월 24일 독도 경비초사 건립과 함께 지금의 동도 몽돌해변에 표석을 세우게 되었다.[2]

또 하나 동도 선착장 우측 해녀바위 위쪽 절벽에 시멘트로 세운 연도 미상의 영토비가 있다. 이 영토비의 비문은 「대한민국 경상북도 울릉군 독도지표」로 1954년에 동도 몽돌해변에 세운 것과 같다. 시멘트에 진청색을 덧입힌 비는 수면에서 약 4m 높이의 해식애 돌출부에 건립되어 접안장이나 해안에서는 잘 눈에 띄지 않는다.

미루어 짐작하건대, 과거 일본인들이 출몰할 당시 훼손을 막으

---

1) 1954년 1월 18일 표석 건립을 위해 관계자들이 포항에서 출발했으나 높은 파도로 회항했다. 26일 재출항했으나 선박 고장으로 울릉도에 닿지 못했다. 다시 30일에 출항하여 울릉도 도동항에 도착했지만 '상상하기 어려운 폭설'로 독도행이 좌절되기도 하는 등 어려움을 겪었다.
2) 독도박물관 연구총서 「한국인 삶의 기록 독도」, 2018.

려고, 눈에 잘 띄지 않는 곳에 세운 것으로 보였다. 기이한 것은, 그토록 거센 바람과 파도가 몰아치는 독도에서, 시멘트로 만든 비석이 색도 전혀 바래지 않은 채 원형을 유지하고 있는 것이다. 변치 않는 영토비, 한결 든든하다.

동도 선착장 우측 해녀바위 절벽 위쪽에는 시멘트로 만든 영토비가 서 있다.

독도는 바람과 파도,
그리고 별들의 섬

별빛이 쏟아진다. 저 별들 가운데는 독도와 같은 시기에 태어난 것이 있을 것이고, 더러는 독도의 탄생을 지켜보아온 것도 있을 것이다.

독도가 제 모양을 갖출 때, 영장류 오스트랄로피테쿠스가 겨우 수십 발자국 직립보행하면서 인류의 등장을 알리고 있었다. 그 이후, 독도는 바람에 의한 풍화작용과 파력波力에 의한 침식작용으로 파이고 깎였다. 긴 세월 자연이 빚어낸 조형물 독도는, 앙상한 알몸이 되어 오늘날의 바위섬으로 남았다.

오롯이 뼈대만 남긴 독도의 헐벗음에 금욕적 비애감마저 느껴진다. 또 헐벗음으로써 내보이게 되는 맹랑함, 이 양가감정 사이에서 독도는 언제나 위태로워 보인다. 그러나 다행스럽게도, 독도는 스스로 심지가 굳어, 동해의 중심축으로 붙박고 있다.

이렇듯 독도는 460만 년 동안 묵묵히 쏟아지는 별빛을 지켰듯이 앞으로 460만 년 동안도 그러할 것이다.

— 독도상주기자 때 일기 중

'대한민국 동해 끝 섬'
독도는 언제나 그 자리에서
의연할 것이다

역대 대통령의 독도 통치 의지

독도에는 김영삼 대통령이 휘호한 비석 2기와 이명박 대통령이 독도를 다녀온 후 건립한 비석, 그리고 한승수 국무총리 방문 후 세운 비석이 있다. 이 영토비들 모두 현재 자리에 놓이기까지는 적잖은 곡절이 있었다.

먼저, 삼태극三太極 문양비.
1997년 우리 정부는 독도 대역사大役事인 선착장과 어업인숙소(현 어민숙소)를 건립했다. 해양수산부는 준공 기념으로 독도 수호 의지가 담긴 영토비를 세우기로 했다. 영토비는 왜적을 물리친 상징물이어야 했다. 동해 호국신 문무대왕의 넋을 기린 경주 감은사지, 그곳 금당의 삼태극을 기본 문양으로 낙점한 것은 역사의 귀결이었다.

독도선착장 건립은 당시 김영삼 대통령이 깊은 관심을 가졌던 사업이었다. 김 대통령은 준공을 앞두고 휘호 '대한민국 동쪽 땅끝'을 써서 내려보냈다. 공사 관계자들은 화강석에 삼태극 문양을 새겨 독도로 운반했다. 그러나 비석을 앉히기 직전 휘호를 다시 써서 보내겠다고 연락해 왔다. 똑같은 두 개의 영토비를 놓고 처리가 난감했다. 고민 끝에 동, 서도에 각각 하나씩 설치하기로 했다. 처음 것은 서도 어업인숙소에 설치하고, 새로 만든 것은 동도 선착장에 앉혔다. 독도에는 김영삼 대통령 휘호 영토비가 둘이다.

047

김영삼 대통령 영토비

두 번째, '동해의 우리 땅 독도'비.

2008년 7월 14일 일본 문부과학성은 중학교 사회과 교과서 새 「학습지도요령서」에 독도를 자기네 땅으로 명기하겠다고 발표했다. 일본을 성토하는 목소리가 하늘을 찔렀다. 당시 한승수 국무총리는 우리의 독도 수호 의지를 대내외에 천명하기 위해 독도를 방문했다. 총리의 독도 방문은 그때까지 최고위층 내방이었다. 이에 한 총리는 자필을 석비에 새겨 가져가 헬기장 입구에 세우게 되었다.

한승수 국무총리 영토비

이명박 대통령 영토비

세 번째, 흑요석 대한민국 영토비.

2012년 광복절을 앞둔 8월 10일. 이명박 대통령이 대한민국 대통령 최초로 직접 독도를 찾았다. 이명박 대통령 방문 후 흑요석에 '대한민국'이라고 새긴 영토비를 현 망양정 자리에 세웠다. 건립 당시 화강암 기단 위에는 영토비와 함께 일본을 향해 포효하는 두 마리 청동 호랑이를 앉혔다. 그 옆 게양대에는 태극기, 경상북도기, 울릉군기를 걸었다. 그러나 2019년 10월, 기단과 호랑이상, 두 개의 게양대는 문화재청 미허가 설치물로 끝내 철거되었다. 지금은 흑요석 영토비와 태극기만 나무 데크 위에 남아있다.

이들 대통령, 국무총리가 세운 3기의 비석 또한, 현대 독도 행정 통치의 화점花點이다.

6.8독도어민 폭격
"일본과 미국에 책임 물을 필요"

 1948년 6월 8일. 미역 수확철을 맞은 독도는 울릉도, 울진, 죽변, 강릉, 묵호 등지서 조업 나온 범선과 발동선들로 북적거렸다. 그날은 남서풍이 불었다. 대부분 선박들은 바람을 피해, 서도 물골 북쪽 해안 300m 부근 섬 그늘에 닻을 내리고, 미역 채취에 바쁜 일손을 놀리고 있었다. 오전 11시 반을 넘긴 시각. 울릉도 쪽으로부터 한 무리의 전투기가 독도를 향해 몰려왔다.[1]

 당시는 미군정하에 있던 터라, 어민들은 우리나라를 도와주는 미군의 비행기를 보고 반가운 마음에 손을 흔들었다. 그 순간, 전투기는 선박이 많이 밀집해 있는 섬 북편에 느닷없이 폭탄을 투하하고 기총소사를 했다.[2] 어민들이 태극기를 흔들며 폭격을 멈추라고 소리쳤지만 소용없었다. 전투기들은 두 차례에 걸쳐 폭격을 마친 후에야 유유히 동남쪽으로 사라졌다.

 순식간에 독도는 폭탄에 맞아 죽거나 다친 사람들로 생지옥으로 변했다. 피로 물든 바다는 파손된 배의 잔해들로 아수라장이 되어 버렸다. 생존자들은 옷가지를 찢어 상처를 동여매고, 구멍 난 뱃전을 틀어막아, 사망자와 부상자를 수습하여, 황급히 울릉도로 도망쳤다. 폭격사건은 울릉도에 체류 중이던 기자들에 의해 육지로 긴급

타전되어 6월 11일부터 각 신문에 게재되었다. 당시 신문들은 울릉도 당국이 파악한 인원 피해 현황이 행방불명자를 포함하여 사망자가 14명이고, 부상자는 중상자를 포함하여 6명이라고 했다. 선박 피해는 발동선과 전파선 등 11척이 침몰하여 손해액이 500만원에 달한다고 보도했다. 당시 미군정은 사망자, 부상자들에 330여 만원의 보상금을 지급하고, 사건을 서둘러 종결짓고 말았다.[3]

이후 사건 발생 2주기를 맞아 억울하게 죽어간 어민들의 혼령을 위무하고자 경상북도에서는 위령비를 건립했다. 그러나 위령비는

---

1) 1948년 '6.8독도폭격'에는 오키나와 가데나 공군기지 주둔 미 극동공군 사령부 미93중*폭격비행전대 소속 B-29 폭격기 20대와 기상관측기 1대가 출격한 것으로 확인되었다. (미국인 마크 로브모 씨 제공 자료)

2) 6.8독도폭격에서 미 공군은 454kg GP폭탄 76개를 투하한 것으로 확인되었다. 기총소사 여부는 미 공군 측 발표와 생존 어부들의 증언이 엇갈려 현재까지 실체를 규명하지 못하고 있다. 기총소사는 계획된 공격행위인가, 훈련 중 우발적으로 발생된 사건인가 밝히는 열쇠로 신문에 보도된 당시 생존자들의 인터뷰 내용을 보면 한결같이 기총소사가 있었다고 증언하고 있다. 「궁장환」 선주 이완식 씨는 "~비 오듯 기관총 소리가 들렸고~우리 배의 밥 짓는 김중순(金仲順·19)은 등에 총을 받아 즉사하였다.~나는 배와 바위 위에 길이 3척 넓이 1척 두터운 폭탄파편과 기관총알을 주워 경찰이 파편만 가져갔다"고 했으며, 「해양환」 선원들도 "~일행 중에는 행방불명된 자가 2명이며 김동술(金東術·36)은 기총*의 탄환을 맞아 사망하였고, 사체는 아직 찾지 못하였다" 중상을 입은 울릉도 어부 장학상 씨는 "~비행기에서는 선*로 향하여 총까지 놓았다.~"고 증언했다. (홍성근, 「광복 후 독도와 언론보도 I - 1948년 독도폭격사건」, 동북아역사재단, 2021.)

3) 1995년 푸른울릉독도가꾸기모임과 한국외대 독도문제연구회의 조사 결과에 따르면 사망/실종이 150~320명으로 나타났다. 한편, 미국 기밀문서보관소에서 미국인 로브모 씨가 발굴한 「6.8독도사건」 1948년 6월 13일 자 자료에 따르면 사망/실종 30명, 침몰 선박 80여 척으로 발표한 것으로 알려졌다. (홍성근, 「광복 후 독도와 언론보도 I - 1948년 독도폭격사건」, 동북아역사재단, 2021.)

독도경비대원들이 동도 「독도조난어민위령비」 주변에서 정비작업 중이다.

「6.8독도어민 폭격사건」에서 희생된 박춘석 씨의 장남 박용길(경북 울진군 온양리, 당시 3세) 씨가 아버지의 호적등본을 꺼내 들고 설명하고 있다.

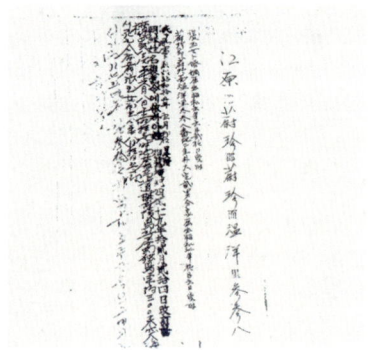

박춘석 씨의 호적부에는 주소가 '강원도 울진군'으로 표기되어 있으며, '단기 4281년 6월 8일 독도 동도 300미돌(米突, 미터) 해상서 사망'이라고 명시되어 있다.

사라호 태풍으로 유실되었다. 경상북도는 2005년 광복 60주년을 맞아 현재의 비석을 다시 세웠다.[4]

이 불행한 사건은 오늘날까지 「6.8독도조난어민」이란 왜곡된 명칭으로 불리고 있다. 아직까지 그 실체에는 접근하지 못하고 있는 것이다. 「6.8독도어민 폭격사건」은 미군정하에 있던 1948년, 일본에 주둔하던 미 극동공군사령부 소속 전투기가 우리 영토 내에서, 우리 양민을 학살한 사건이다. 이 사건은 일본이 미군에게 독도가 '일본 영토'라며 왜곡된 정보[5]를 제공하여, 폭격 연습장으로 사용하게 한 것이 그 단초가 되었다. 당시 주한미군정사령부 하지 중장이 "그 책임을 도저히 피할 수 없을 것"이라고 언명했다. 이에, 우리는 이 사건의 실체를 규명하여, 일본의 독도에 대한 영유권 호도 경위와 미국의 양민 학살 책임을 명확히 할 필요가 있다. 이것이 독도 문제, 즉 '한일 양국 사이에 깊숙이 박혀있는 가시'[6]를 빼는 첫 걸음이 될 것이다.

---

4) 일설에는 당초 1950년 건립 후 유실된 위령비를 일본인들이 6.25전쟁 중에 파손하여 유기했다고 전한다. 유실되었던 비석은 2015년 독도 앞바다에서 발견되어 인양, 보존 처리한 후 현재 안용복기념관에 안치되어 있다.
5) 1952년 5월 23일 일본 중의원 제13회 외무위원회에서 시마네현 소속 야마모토 도시가나 의원이 "다케시마(독도의 일본명)를 주둔군(미국)의 폭격연습지로 지정하는 것이 일본의 영토권을 확보한다는 정치적 함의를 품고 있다고 생각하는데 그렇습니까?"라고 질의한다. 이에 이시하라 간이치로 외무성 정무차관은 "그런 선에서 진행하고 있습니다"라고 대답했다. 이로써 일본은 독도침탈을 위해 날조된 정보를 미군정 극동사령부에 제공하였음을 알 수 있다.
6) 세계적인 유명 저널리스트 팀 마샬이 그의 저서 「지리의 힘」(사이, 2016)에서 언급했다.

서도 큰가제바위에서 바라본 독도 전경으로 오른쪽 바위는 상장군바위, 중앙에 우뚝 솟은 바위는 탕건봉이다.

작지만 큰 섬

동해 깊숙이 뿌리박고 있는 독도.

약 460만 년 전에서 250만 년 전까지 모두 9차례의 화산폭발 결과로 생겨난 독도는 울릉도보다 일찍 태어났다.[1] 독도는 물 위로 동도(둘레 2.8㎞), 서도(둘레 2.6㎞) 2개의 큰 섬과 주변에 89개의 작은 바위섬을 드러내놓고 있다. 독도 전체 면적은 1.87㎢로 여의도 면적의 약 3분의 2에 해당된다.[2] 우리 눈으로 확인할 수 있는 것은 조그마한 섬에 불과하지만, 해저 2천m에서 솟은 섬의 뿌리는 지름이 약 30㎞에 달한다.

독도의 공시지가는 얼마나 될까? 2002년 독도에 대해 처음 지가총액을 발표했을 당시 37필지 2억629만2천원이었다. 2022년 현재 변경된 101필지에 대한 지가총액은 94억2,153만원이다. 20년 사이 지가총액이 약 36배 급등했다. 독도에 대한 관심이 커지는데 비례해 독도의 땅값도 그만큼 상승한 것이다.

독도는 비록 작은 섬이지만, 우리에게는 가늠하기 어려운 깊이와 넓이의 섬이다.

---

1) 울릉도는 독도보다 늦은 약 250만 년 전부터 5,000년 사이 두 차례의 화산 활동으로 생성되었다.
2) 서울 여의도 면적은 2.9㎢

서도 사면 옆쪽으로 독도를 정기 운항하는 연락선 두 척이 서로 교행하고 있다.

대한민국 사람
누구나 한 번은 가봐야 할 곳

독도에는 날씨 좋은 주말이면 연락선이 하루 12회까지 드나든다. 독도가 일반인에게 공개되고, 관광 연락선이 드나들게 된 것은 실로 후천개벽이다. 우리 정부는 2005년 3월 24일부터 독도를 공개제한지역에서 입도신고제지역으로 바꿨다. 1회 40명, 일일 최대 140명으로 한정하여 입도를 허용한 것이다. 애국가 배경 화면에서만 독도를 보던 국민들은 직접 밟아보려고 너도나도 몰려들었다. 초기에는 어렵사리 독도를 와도 이 규정에 묶여 섬을 밟지 못하는 경우도 더러 생겼다. 그 후 빗발치는 민원으로 규제가 완화되었다. 2009년 6월부터는 1회 470명으로 제한하고, 일일 입도 인원 제한은 폐지되었다.

일반인의 출입이 자유로워지자 독도는 대한민국 최고 관광 명소로 떠올랐다. 매년 급증하는 관광객들로 2022년 10월에는 누적 입도객 297만 명을 돌파했다. 이제 독도는 한국의 대표적인 관광 아이콘이다. 굳이 손에, 손에 태극기를 들고 가지 않아도 좋다. 독도는 대한민국 국민 누구나 '그저 평생 한 번은 가봐야 할 곳'이 되었다.

독도, 세금 내는 섬

한때, 인터넷에서 유인도의 조건이란 말이 독도 검색어 상위에 오른 적이 있다. 식수가 있고, 나무가 자라며, 주민이 거주하면 유인도로 인정받는다는 것이었다. 그러나 그 내용은 실정법과는 거리가 있다.

현재의 주민숙소

1997년 준공한 어업인숙소

국제법상 유인도를 규정한 법 조항은 없다. 다만, 유엔해양법협약 121조에서는 암석과 섬의 기준만 명시하고 있다. '주민이 거주하며 독자적인 경제활동이 가능'하면 섬으로 인정하고 있다.

유엔해양법협약의 기준으로 보면, 주민숙소는 독도에 우리나라 사람이 사는 섬으로서의 필요조건을 충족하고 있다.[1] 독도 주민숙소는 동도 선착장과 함께 공사를 시작하여, 1997년 11월 6일 준공식을 갖고 「어업인숙소」란 명판을 달았다. 2003년 서도에 선가장船架場 시설이 마련된 후에는 1가구 2명의 주민, 김성도 씨(2018년 사망) 내외가 거주하기 시작했다.

독도 경제활동과 관련, 독도 주민 김성도 씨는 2013년 5월부터 「독도사랑카페」를 운영하여 19만3,360원의 세금을 낸 이후 매년 국세청에 세금을 납부했다. 독도 거주와는 직접 연관성이 없지만, 1905년 이전에도 이미 일본인들이 독도 물산인 강치에 대한 수출세를 우리나라 울도군에 납부한 실적이 있다.[2] 독도는 '독자적 경제활동'이 작동하는 섬이다.

---

1) 1998년 「신한일어업협정」 당시 우리 정부의 공식 입장은 독도를 무인도로 규정했다.
2) 2013년 동북아역사재단 홍성근 박사가 영국에서 「라포르트 보고서」를 발굴하여 1899년 일본인들이 수출 화물에 대한 세금을 납부한 사실을 확인했다. 이후에도 1905년까지 일본인들은 독도 물산 강치 수출에 대한 수출세를 울도군에 납부한 것으로 확인되어 우리의 독도 실효지배를 증명한 바 있다. 프랑스계 영국인 라포르트는 1899년 당시 부산해관 관리로 대한제국의 지시에 따라 울릉도감 배계주와 함께 울릉도의 일본인 침탈 현황을 조사했다.(유미림 「역사 속의 울릉도와 독도」, 지식산업사. 2021)

독도 주민의 일상

독도의 일상도 여느 섬과 별반 다름없다. 이렇듯 독도에 주민이 들어가 살면서 어촌 사람의 일상이 시작된 것은 언제부터일까?

독도에 터를 잡고 생활하기 시작한 첫 주민은 최종덕 씨다. 울릉도 어선 선주인 최 씨는 1965년 3월부터 1987년 9월 사망 때까지 독도에서 살았다. 1981년 10월에는 최초로 주민등록지를 독도로 옮겼다. 최종덕 씨 사후에는 사위 조준기·최경숙 씨 부부가 1992년까지 독도에서 생활했다.

2008년 네 번째 독도 주민으로 등록기준지를 이전한 독도등대 항로표지관리원 허원신 씨

독도 경비 임무를 마치고 교대해 떠나는 독도경비대가 독도 주민 조준기 씨와 인사를 나누고 있다. 선상의 맨 오른쪽 인물이 최초 독도 주민 최종덕 씨
사진 최은채(개명 전 최경숙) 씨 제공

김성도·김신열 씨 부부는 1991년 11월 주민등록지를 이전했다. 2007년 4월부터는 독도리 이장을 맡고 현지에서 살았다. 허원신 독도등대 항로표지관리원도 2007년 8월 주소지를 이전해 명실상부 독도 주민이 되었다.

2022년 12월 기준, 독도에는 등대원, 경비대원 등 13명의 주민이 주민등록을 등재하고 있다. 독도에 등록기준지를 둔 사람은 모두 3,709명이다. 독도에도 사람이 살고, 또 고향을 둔 이웃도 있다.

독도 침탈의
빌미가 되고 있는 강치

기각류 바다사자과의 해양포유동물은 3종이 있다. 물개, 큰바다사자, 바다사자가 그것이다. 흔히 우리가 말하는 강치¹⁾는 바다사자이다. 이들 중 물개나 큰바다사자는 주로 한대지역에 서식한다. 이에 비해 바다사자, 즉 강치는 독도를 비롯한 갈라파고스, 캘리포니아 연안 등 온대지역 3곳에 서식한다. 독도가 고향인 강치는 1970년대 이후 발견되지 않아 모두가 다시 나타나기를 기다린다.

독도는 본디 강치의 고향이다. 강치들은 대부분 독도에서 태어나 울릉도와 일본 서해안 일대에 흩어져 서식했다. 많을 때는 3만~5만 마리가 무리지어 살았다. 그 많던 강치들은 1903년부터 일본 도살꾼 나카이 요자부로에 의해 무차별 남획되기 시작했다.

---

1) 바다사자를 일컫는 강치는 조선 숙종 때 울릉도를 수토한 장한상의 「울릉도사적」에 '가지어'로 표기되고, 고문헌에는 가지, 가제로 기록되어 있다. 강치란 말은 이규경(1788~1856)이 지은 「오주연문장전산고」에 '彊治강치'로 처음 등장한다.(유미림, 「우리 사료 속의 독도와 울릉도」, 지식산업사, 2013)

독도 강치

봄날 숫돌바위에 앉은 물개를
관광객들이 호기심 어린 눈으로
바라보고 있다.

강치는 가죽의 질이 뛰어나, 강치 한 마리는 그 당시 황소 10마리 값에 거래될 정도였다. 일본은 강치 가죽으로 만든 손가방을 런던의 영일박람회에 출품하여 은상을 수상하기도 했다. 이 때문에 어렵업자들은 강치 도살에 혈안이 되었다. 독도 근해를 운항한 일본 해군함 항해 일지에는 "가죽을 벗기고 버린 강치들이 썩는 냄새가 진동한다"고 기록²⁾할 정도였다.

강치잡이 업자 나카이는 1905년부터 8년 동안에만 모두 1만4천 마리를 무차별 도륙했다. 일제강점기에도 매년 100~300마리 정도를 잡았으니 강치는 씨가 마를 수밖에 없었다.

독도의용수비대 시절 수십 마리 잔존殘存하던 강치는 더 이상 종種 보존을 못 하고 사라져 버렸다. 수컷 대왕강치들이 희생된 후 후손을 퍼뜨리지 못하고 서서히 멸절한 것으로 학자들은 추정하고 있다.

그 옛날 떼 지어 울부짖었다는 강치. 정녕 다시는 독도에서 강치를 볼 수 없는 것인가. 그럼에도 일본은 이 비운의 강치를 독도 침탈의 빌미로 이용하고 있다. 이 절멸한 종족, 독도 강치의 한을 그 누가 풀어줄까.

---

2) 일본인 이즈미 마사히코泉昌彦가 쓴 「죽도비사」의 기록.

철 만난 독도새우

2018년 이후 독도새우가 천세난다. 우리나라를 방문한 도널드 트럼프 미국 대통령의 청와대 만찬상에 독도새우가 오른 후 어물전 로열패밀리로 등극했기 때문이다. 너도나도 찾는 바람에 귀한 몸이 되어 웬만해서는 구경하기 힘들게 되었다.

초겨울 선착장에서 교대해 나가는 독도등대 소장을 위해 조촐한 송별회가 벌어졌다. 마침 인근에서 조업하던 울릉도 배가 귀항하면서 독도새우의 한 종인 가시배새우를 한 바가지 퍼주고 갔다. 껍질을 까서 날것으로 먹다가 귀찮아서 매운탕에 넣고 함께 끓였다. 요즘 같으면 상상하기 어려운 일이다.

가시배새우

도화새우

독도새우는 새우 종種 명칭이 아니다. 독도 인근 해역에서 잡히는 새우를 모두 독도새우로 부른다. 독도새우는 도화새우(대하), 물렁가시붉은새우(꽃새우 또는 홍새우), 가시배새우(닭새우) 3종류가 있다. 이 중 청와대 만찬에 오른 것은 도화새우로 살이 단단하고 담백한 맛이 난다. 도화새우는 가장 큰 종류로 암컷은 최대 25cm까지 자란다. 부화한 지 5년이 지나야 알을 낳으므로, 독도새우 중에서도 귀한 품종이다. 울릉도의 식당에서는 꽃새우가 비교적 많이 눈에 띈다. 껍질을 까고 날로 먹으면 부드럽고 달착지근한 맛이 일품이다. 독도새우는 성체가 되기까지 오랜 시간이 걸리는 만큼 개체 수가 적다. 경상북도 수산자원연구원은 2013년부터 2019년까지 독도새우 새끼 92만 마리를 방류했다.

독도새우는 1년 내내 독도 근해 3곳 포인트에서 잡힌다. 최근 인기가 치솟자 울릉도 배보다 외지 배들이 더 활발한 조업을 벌이고 있다. 새우잡이는 1,500m 밧줄에 약 150개의 통발을 달아, 해저 300m 정도 깊이로 내려 잡는다. 울릉도에서 독도새우잡이에 출항하는 배는 총톤수 30톤의 천금 1, 2호다. 천금호가 잡은 독도새우는 울릉도에서는 어렵잖게 맛볼 수 있다. 거기다 더해 이제는 독도새우빵까지 판매되고 있으니 독도새우는 가히, 독도 명물이라 할 만하다.

일본의 야욕,
메탄하이드레이트에만 있을까?

독도 앞바다 바람이 날카로워진다. 이틀 정도 날씨가 좋다가 사나흘 궂은 날이 이어진다. 섬을 할퀴는 물결의 발톱도 한결 사납다. 들끓으며 억척스레 기어오르는 파도. 생명이 있든 없든 간, '바다 것들'의 저 몰강스러움은 도대체 어디서 연유하는지…. 독도에 대한 저 끝없는 탐욕은 무엇이란 말인가.

지칠 줄 모르는 바다 것들의 도발, 그악스러움에 몸서리가 난다. 저들의 도발을 잠재울 비책이 간절하다. 일본에는 "아닌 것을 맞는다고 백 번 우기면 맞는 것이 된다"는 속담이 있다.

사람들 사이에 일본이 독도 침탈 야욕을 버리지 않는 것은 메탄하이드레이트Methane Hydrate 때문이라는 주장이 널리 퍼져있다. 과연 그럴까?

메탄하이드레이트는 바다의 유기물이 해저로 가라앉아 응결된 물질이다. 반고체 상태로 결합된 메탄가스인 것이다. 불타는 얼음으로 불리는 메탄하이드레이트는 장래 인류의 청정에너지원으로 주목받고 있다. 이 천혜의 자원이 동해 해저에 약 6억 톤 정도 분포되어 있는 것으로 추정한다. 이는 앞으로 우리나라가 30년간 쓸 수 있는 양의 천연가스라는 것이다. 일본이 이 해저자원을 노려 독도를 침탈하고자 한다는 주장이다.

학자들 가운데는 이에 고개를 갸웃거리는 사람도 많다. 메탄하이드레이트는 동해의 수온과 수압 조건에서는 적어도 해저 1,200m 이하여야 형성이 된다. 그런 지형 조건으로 메탄하이드레이트가 분포되어 있는 곳은 울릉도 남방 100㎞ 인근 해역이다. 독도보다 오히려 울산 북동해역, 소위 말하는 「8광구」에 많이 집적되어 있다는 것이다. 그 지점은 1998년에 맺은 신한일어업협정에 따라 우리는 중간수역이라고 부르고, 일본이 잠정수역이라고 표현하는 지역이다. 이를 볼 때 일본의 야욕은 메탄하이드레이트 때문만은 아닐 것이다.

독도는 비록 주먹만 한 돌섬이지만, 독도를 잃게 되면 약 6만㎢의 해양영토가 사라진다. 이것은 한반도 전체 면적 22만㎢의 약 27%에 달한다. 10만㎢의 남한 면적에 대비하면 국토의 60%에 해당하는 넓이다.

바다도 엄연한 우리의 영토다. 여기서 바다와 국가의 미래 따위를 운운하는 것은 안쓰러운 일이다.

독도 최고봉 '대한봉'

독도의 골격 계통에 대해서 말하자면 그 중심은 언제나 대한봉부터 잡아야 한다. 독도 최고봉 서도 대한봉은 높이가 168.5m이다.[1]

[1] 독도 동도 최고봉 '우산봉'의 높이는 98.6m이다.

서도 최고봉은 서에서 동으로 칼날처럼 달리다가 끝 부분에서 두 꼭짓점을 찍고 급격히 바다로 떨어진다. 특히 정수리 부분이 매의 부리 모양으로 구부러져 강인한 인상을 풍긴다.

대한봉 북사면에서 보면, 다면체 돌기둥이 기묘한 형상을 이룬다. 이 절리는 독도 생성 당시 화산 폭발로 생긴 것이다. 산 정상부 바위를 받치고 있는 깎아 세운 기둥들은 흡사 왕좌 앞에 엎드린 신하들의 형상을 하고 있다.

서도 정상에는 대한봉이 정좌하고, 독도의 것들은 모두 대한봉에 엎드려 복종한다. 대한봉은 독도의 봉오리이고, 독도는 동해의 꽃이다.

서도 북사면에서 바라본 서도 정상

MBC 뉴스데스크 팀의 독도 특집 취재에 동행하여 물골을 둘러보고 있다.

독도는 제주 해녀들의 황금 어장

독도의 생명줄 물골. 과거 독도로 고기잡이 왔던 울릉도나 동해안 사람들은 이곳 물골 물을 식수로 삼았다.

물골은 원뿔을 뉘어둔 형태로, 입구가 넓고 안으로 들어갈수록 좁아진다. 입구에서 동굴 끝까지 길이는 약 8m, 입구 높이는 3m 정도다. 동굴은 안에서 바깥쪽으로 약간 비스듬하다. 비교적 평평한 바닥에는 시멘트로 2개의 저수조를 만들어 스테인리스 뚜껑으로 덮어뒀다.

물골 물은 바닥으로부터 솟아나는 물이 아니다. 섬 위쪽에서 스며든 빗물이 바위틈 사이로 타고 내린 물이다. 그렇게 한두 방울씩 고인 물은 하루 400ℓ(20말) 정도 된다. 독도를 찾은 어부들은 이 물을 먹고 몸을 씻었다. 물골 물 덕분에 독도는 그 옛날 제주 해녀들이 일주일, 열흘씩 생활하며 미역을 따고 전복을 잡는 황금 어장이 될 수 있었다.

일제강점기 독도 수탈을 보여주는 「다케시마 관계철」이란 문서가 있다. 제주 해녀 활동과 관련하여, 1921년부터 "매년 다수의 조선인을 독도로 끌고 가 전복과 소라를 채취했다"고 기록하고 있다. 1939년에는 "90톤, 20톤 어선으로 독도 주변에서 조업을 했다"고

적고, 특히 1941년에는 "제주 해녀 16명을 끌고 와 노역을 시켰는데 재미를 보지 못했다"고 남겼다.

해방 후에도 제주 해녀들은 독도로 건너왔다. 한 부락 10명 정도 해녀들이 선주들에게 고용되어 미역 '물질'을 하러 온 것이다. 해녀들은 이곳 물골에 나무로 엮은 2층 침대를 설치하고 함께 기숙했다. 독도 개척사를 들추다 보면, 제주 비바리들의 땀과 눈물 얼룩이 배어난다. 그 현장이 바로 이 물골이다.

물골 입구 바위에 '추억追憶은 영원히'라는 빛바랜 낙서가 새겨져 있다.

기술자들이 나무 계단 바닥을 설치한 후 옆에 안전지지대를 세우고 있다.

개척자의 길, 물골 계단

　서도 정상을 넘는 물골 길은 생명의 길이자, 고난의 길이다. 첫 주민 최종덕 씨가 독도에 집을 짓기 전까지 어부들의 보금자리였던 물골. 물골은 식수가 고이고, 동굴 안이라 비바람을 막을 수 있다. 그러나 북풍받이인 이곳은 물결이 거세게 몰아치고, 종일 햇빛 한 점 들지 않는다.

　1965년 최종덕 씨는 현 주민숙소 옆 남향받이에 벽돌집을 지었다. 문제는 식수였다. 물골 계단은 최 씨가 식수를 길어 나르기 위해 만든 길이다. 독도에서 미역을 따는 해녀와 어부들은 모래를 이고, 시멘트를 져서 약 60도에 이르는 계단을 닦았다. 그들은 또 이 길을 넘나들면서 생명수를 길어왔다. 그 역사의 길, 생명의 길도 세월의 무게에 못 견뎌 곳곳이 무너지고 파였다. 정상 너머는 30m 가까이 무너져 내려 사람이 넘어 다닐 수 없게 되었다. 그 길을 새롭게 나무 계단으로 바꿨다.[1] 2008년 가을, 거친 바람 속에서 작업자들이, 일일이 등짐을 져 날라, 힘겹게 공사를 마무리했다. 독도는 비록 땅거죽은 깊지 못하지만, 그곳에 퇴적된 애환의 깊이는 두텁다.

---

1) 현재 독도에 서식하는 쥐는 2008년 나무계단 공사를 위해 서도에 입도한 선박으로부터 유입되었다.

대한제국 칙령 속 '석도'

바위로 이루어진 섬 독도. 독도의 본이름은 돌섬이다. 그 옛날 전라도 사람들이 독도를 드나들 때는 이 섬을 돌섬, 즉 독섬이라 불렀다. 1900년대 초 부친을 따라 울릉도와 독도를 갔던 전라남도 여수시 초도의 서덕엄 할머니가 2018년 영남대 독도연구소의 현지조사에서 증언했다.

"울릉도에는 괴상하게 생긴 섬과 여(물 속에 잠겨 보이지 않는 바위)도 많은데 독섬도 있다. 울릉도 높은 산에서 날씨가 좋으면 보이는데 일기를 잘 살펴 가면 독섬이 나온다. 동, 서 두 섬 사이에서 해삼, 전복, 미역을 많이 해서 되돌아온다."

전라도를 비롯한 삼남 지역 사람들이 돌섬을 독섬이라고 발음한 것이다. 1938년 간행된 조선어대사전에는 '독'은 '돌'의 사투리라고

적고 있다. 서해안에서는 얕은 해안가에 돌담을 쌓아 고기잡이를 한다. 그 어로법을 '독살어로'[1]라고 하고, 그 돌담을 '독살'이라고 한다. 또 옛날 단옷날에 동네 머슴들이 힘겨루기 할 때 들던 둥그런 돌을 '들독'이라고도 한다.

그 돌섬–독섬이 한자어로 석도石島로 표기되었고, 그것이 오늘날 독도가 되었다. 1900년 고종황제는 칙령 41호를 내려 울도鬱島군수는 울릉도 전체 섬과 죽도, 그리고 석도를 관할하도록 했다. 칙령의 '석도'가 곧 독도다.

탕건봉은 옛날 사람들이 갓 안에 쓰던 탕건[2]을 닮았다고 해서 붙여진 이름이다. 탕건봉도 일찍이 독도를 드나들던 우리 선조들이 붙인 이름이다.

---

1) 조수간만의 차이를 이용하여 고기를 잡는 전통 어로법으로, 남해의 경우 얕은 바다에 나무 울타리를 세워 물고기를 잡는 죽방렴이 발달했으며, 서해에서는 이와 유사하게 돌을 담으로 둘러쌓아 고기를 잡는 석방렴, 일명 독살어로가 성행했다. 2012년부터 죽방렴과 독살어로는 중요무형문화재로 지정되었다.
2) 탕건(宕巾)은 조선 중종(1506~1544)시절 경상도 상주목사 윤탕이 처음 만들어 조정에 바친 후 벼슬아치들이 쓰던 것으로 일명 감투라고도 한다.

기죽지 않는 삼 형제

거치적거리는 것은 모두 벗어던졌다. 더 덜어낼 것도 없다. 다만
삼 형제가 몸을 묶어 바다의 앙탈, 하늘의 심술에 꿋꿋이 맞설 뿐이다.
삼형제굴바위는 바위섬에 세 방향으로 나란히 동굴이 뚫려져 얻은

이름이다. 독도의 대표적인 해식동海蝕洞으로 오랜 기간 파도의 침식 작용에 무른 암석질이 깎여나가 오늘날과 같은 형상을 빚어냈다.

　미군이 독도를 폭격하기 전인 1947년, 울릉도·독도 학술조사 보도반원으로 독도에 들어간 최계복 씨가 찍은 사진을 보면 삼형제굴바위 옆에 돌출한 바위가 붙어 있었다. 그러나 그 이후의 사진들에서는 사라지고 없다. 1948년 미군이 포탄을 쏟아부어 독도 지형이 바뀌었다는 울릉도 사람들의 증언을 삼형제굴바위가 확인해주고 있는 것이다. 독도 삼형제굴바위는 늘 파도가 타오르고, 바다가 위압威壓해도 꿈쩍도 하지 않는다. 드센 통뼈, 삼형제굴바위가 뿌리 박고 있기에 독도는 든든하다.

촛대바위

삼형제굴에서 본 촛대바위

홀로지만 외롭지 않은 너

촛대바위는 독도의 배꼽점이다. 홀로 우뚝 솟은 형상은 한 눈에 봐도 '천상천하 유아독존'이다. 그 기이함에 외경심마저 든다.

촛대바위는 매 순간 다른 얼굴을 드러낸다. 날씨와 햇살의 방향에 따라 천변만화하는 촛대바위는 1년 동안 한순간도 같은 모습을 보인 적이 없다. 하루에도 몇 번씩 변신하는 것이다. 또 보는 위치에 따라 검지를 하늘로 치켜든 형상을 보이기도 하고, 투구 쓴 장수의 근엄한 얼굴로 비치기도 한다. 그런 촛대바위와 독도는 서로 둘이 아니다. 촛대바위는 독도의 인상인 것이다.

대양, 동해의 중심 독도는 촛대바위로 하여 하늘의 명命을 받든다.

촛대바위

가제바위

작은가제바위에서 본 큰가제바위

독도 수중 생태계 촬영을 위해 수중촬영팀이 모터보트를 타고 군함바위를 돌아 서도 가제바위 쪽으로 이동하고 있다.

섬 주변은 무성한 바다 밀림

오후에 동·서도 사이와 가제바위 주변 바다 속을 들여다봤다. 가제바위 주변 바다 속은 무성한 수중림水中林으로 뒤덮여 있고, 그 사이로 용치놀래기, 줄돔, 볼락이 헤엄치고 있었다. 수면 가까이로는 전갱이, 잿방어가 무리 지어 유영했다. 20여m 바다 속에서 수면을 바라보며 천천히 물을 차고 나아갔다. 에메랄드빛 수중 비경은 언제 봐도 감동이다. 동·서도 사이 해저는 대체로 건강한 편이지만 일부 백화현상이 진행되는 곳이 있다. 백화현상이 진행되는 곳에서는 불가사리와 말똥성게가 주인 노릇을 하고 있다. 또 그에 못지않게 자잘한 참소라도 지천으로 널렸다. 참소라는 초보 다이버, '개똥머구리'인 내 망태기를 늘 넉넉하게 채워준다. 독도는 개똥머구리에게도 풍요로운 곳임을 알겠다.

- 독도상주기자 때 일기 중

독도 수중 비경

독립문바위

겨울철 구 선착장에서 바라본 독립문바위.
거친 파도가 몰아치는 가운데
해안 동굴 절벽 위에는 가마우지가 점점이 붙어
날개 쉼을 하고 있다.

한반도바위

서도 쪽에서 바라본 한반도바위

한반도 속의 독도,
독도 속의 한반도

'대한민국에는 독도가 있고, 독도에는 대한민국이 있다.'

동도 선착장에서 독립문바위를 돌아 반대쪽으로 가면 기묘한 형상의 풀밭 지대를 만날 수 있다. 이름하여 한반도바위. 구 선착장에서 3인치 대포로 오르는 길 사이의 구간이다. 봄과 여름이면 초록색으로, 가을부터는 갈색의 한반도 형상을 그려낸다. 한반도바위를 본 사람이면 누구나 그 절묘한 닮은꼴에 고개를 끄덕인다. 그리고 탄성을 지른다. 독도에 한반도가 있다고.

수백만 년 세월, 하늘이 빚어낸 독도. 자연의 조화치고는 참으로 오묘하다.

1699년 일본은
독도를 조선령으로 인정했다

안용복장군바위. 비록 국가지명회의의 공식 인정은 받지 못했지만, 독도 사람들은 안용복의 업적을 기려 동도 정상 바위를 그렇게 부른다.

조선 숙종 시대 동래 사람 안용복은 두 차례에 걸쳐 일본에 간다. 『숙종실록』에는 1696년 안용복이 이곳 독도까지 와서 '왜인들의 솥을 부수고 자산도(독도)도 조선의 땅이라며 일갈하여 쫓아냈다'고 기록하고 있다. 그 이전, 1693년 울릉도로 건너온 안용복은 박어둔과 함께 일본인들에 납치되었다. 그 일로 조선과 일본 사이에는 「울릉도쟁계」라는 외교 분쟁이 발생했다. 말 그대로, 울릉도와 독도의 영유권을 놓고 조선과 일본이 다툼을 벌인 것이다. 오랜 논쟁 끝에 일본은 1699년 최종적으로 '울릉도와 독도가 조선의 영토임을 인정한다'는 내용의 서계를 부산 동래부에 보내오게 된다. 일본과 외교를 담당한 동래부사는 '왕명을 받들어 이를 받아들인다'고 하여 구상서를 보낸다.

안용복 도일渡日로 촉발된 울릉도·독도의 영유권 분쟁 결과, 조선과 일본은 국경에 대하여 문서로 최종 조약을 맺게 된 것이다. 당시 문서로 교환한 양국의 국경에 관한 합의는 양국이 합의 파기하지

초승달에 비친 동도 정상 안용복장군바위가 우람한 위용을 드러내고 있다.

않는 한 유효하다.[1] 따라서 한국과 일본 사이, 「울릉도쟁계」 결과의 조약은 오늘날에도 여전히 효력을 갖는다.[2] 거두절미, 이것이 독도 문제의 핵심이다.[3]

조약에 의한 엄연한 국제법조차 무시한 채, 일본이 영유권을 운운하는 이즈음, 안용복장군바위는 서슬이 퍼렇다.

---

1) 1959년 국제사법재판소는 "조약으로 확정된 영역권은 실효적 지배나 점유에 의한 영유권 취득을 배제한다"는 판례를 남겼다.
2) 일본의 국체가 변한 명치유신 이후 그 헌법 제76조에서 "이전의 법령은 준유(遵由, 지키고 따름)의 효력을 가진다"고 명시하고 있다. 그에 따라 1877년 태정관지령도 그 조일국경조약이 지켜졌고, 1883년 울릉도개척령 당시 논란 때도 조약은 지켜졌다.
3) 계명대 국경연구소장 이성환 교수 논문 「태정관지령에서 본 샌프란시스코강화조약」

전차바위에 전차는 없다

"독도에 전차바위가 어디 있나요?"

동도 정상을 오르다 보면 중간쯤 망양정으로 가는 길이 나타난다. 갈래 길 초입에는 경상북도 개도開道 100주년 기념 성화 채화대가 있다. 그 옆에 뭉툭한 바위 하나가 보인다. 구멍이 뚫린 바위가 곧 전차바위다. 바위 중간에 뚫린 구멍으로 얼굴바위를 넣어 사진을 찍으면 볼만한 작품이 된다.

바람에 떨어진 포탑 형태 전차바위 윗부분

2009년 이전 온전한 형태의 전차바위

　독도의 바위 대부분은 그 형상에 걸맞은 이름을 얻었다. 그러나 전차바위는 아무리 살펴봐도 전차를 연상할 수가 없다. 독도를 찾는 많은 사람들이 전차바위를 보고 고개를 갸웃거리는 이유다.

　전차바위는 예전에 탱크바위로 불렸다. 현재 구멍 뚫린 부분이 탱크 본체고, 그 위에 작은 바위가 포탑처럼 올려져 있어 누가 봐도 탱크를 떠올릴 수 있었다. 그러나 2009년 2월 어느 날 밤, 윗부분 포탑이 거센 바람에 떨어져나가 버렸다. 그 이후 2012년 10월 국토정보지리원은 「독도지명변경고시」를 하면서 외래어인 '탱크'를 '전차'로 변경했다. 그러다보니 전혀 전차를 닮지 않은 전차바위에 의아해할 수밖에 없다.

　지금 눈 앞에 펼쳐지는 풍경을 보고 그 땅의 이력을 가늠하기는 쉽지 않다. 역사는 그 터에 새겨진 과거를 낱낱이 기록할 때만이 살아있는 역사일 수 있다.

098   악어바위

구 선착장 계단 입구를 돌아서면
마치 악어가 동해 먼바다를 향해 고개를 치켜들고 있는
형상의 악어바위가 나타난다.
독도 관광객은 볼 수 없는 풍광이다.

선착장

동도 헬기장에서 내려다본 독도선착장

이 시대 가장 위대한 건축물, 독도선착장

독도선착장은 독도의 신기원이다. 선착장은 460만 년 독도 생애에 있어, 한낱 시멘트 구조물이 아니라, 선사시대와 역사시대를 가름하는 변곡점이라 하겠다. 독도에 선착장이 들어서기 전까지 일반인들은 아무리 독도에 가고 싶어도 갈 수 없었다. 독도경비대마저도 마음대로 드나들 수 없는 동해의 고도孤島였던 것이다.

1991년 6월 8일, 당시 대통령은 경찰청장에게 「독도 방위에 대한 대통령 지침」을 내렸다. 경찰청장은 독도에 부두 시설이 없어 독도경비대원들의 생필품 지원에 어려움이 있다고 보고했다. 그 결과, 우리 정부는 독도에 선착장을 축조하기로 결정했다. 성벽을 쌓는 대신 부두를 짓는 일은 폐쇄에서 개방, 소극에서 적극으로의 정책상 전환이었다. 공사는 일본의 생트집을 사전에 차단하기 위해 「동서도 접안장 시설」로 발주되었다. 1993년부터 1년간 실시계획 용역이 시행되고, 1996년 4월 29일 공사를 시작했다.

공사는 시작부터 난항이었다. 부산항에서 건설 자재를 싣고 독도로 향하던 56톤급 선박이 울산 앞바다에서 침몰하여 3명의 기술자가 희생되었다. 공사 중에는 우리나라 전역을 초토화시킨 태풍 리사와 위니가 덮쳤다. 두 차례에 걸친 태풍에 공사 자재가

동도 옛 접안 시설

떠내려가 큰 피해를 입었다. 선착장 공사를 맡았던 삼협건설 현장 엔지니어는 태풍 리사 때 파도가 동도 중턱 유류 창고까지 몰아쳤다고 증언했다. 바다 속에 H빔을 박아 수면에서 15m 높이에 설치한 컨테이너 숙소가 몰아치는 파도에 들썩거려 날아가기 직전이었다고 했다. 다행히 작업 기술자들은 모두 독도경비대로 피신했기 때문에 인명 피해는 없었다.

공사를 진행하면서도 끝까지 성공 여부를 가늠할 수 없었다. 어려움만큼 독도선착장에 대한 정부와 공사 관계자의 의지는 확고했고, 우리 국민들의 염원은 그보다 더 간절했다. 끝내, 크고 작은

난관을 극복하고, 선착장은 1년 7개월 만인 1997년 10월 30일 공사를 완공했다. 1,880㎡ 넓이에 500톤급 배가 접안할 수 있는 든든한 구조물이 모습을 드러낸 것이다. 축구장 넓이 4분의 1에 불과한 독도선착장이지만 그 준공은 '한국 땅 독도'에 방점을 찍는 일대 사건이었다.

독도의 것들 중
어느 하나 소중하지 않은 것이
있겠냐마는,
건축물 또한 예외가 아니다

우리에게 있어,
이 시대, 이 땅의
가장 위대한 건축물 중 하나가
독도선착장이라고 해도
그리 틀린 말은 아닐 것이다

독도경비대원들이 선착장에 일렬로 열을 지어 독도를 떠나는 연락선을 경례로 배웅하고 있다.

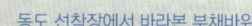
동도 선착장에서 바라본 부채바위

독도등대

동해 바닷길 길잡이

독도등대는 1954년 8월 10일 무인 등대로 첫 점등(點燈)했다. 자동 음파 발사 장치를 갖춘 당시의 등대는 배터리로 가동되었다. 1972년에는 우리나라 최초로 등대에 태양전지를 설치하여 동해의 밤을 밝히기도 했다. 독도등대가 유인 등대로 전환된 것은 1998년 12월 10일이다. 지금은 6명의 항로표지관리원이 3명 1개 조로 1개월씩 2교대 근무를 하고 있다.

동도 절벽 끝에 자리 잡은 160㎡, 3층의 새하얀 독도등대. 등탑과 사무실, 등대원 숙소, 동력실 등을 갖추고 있다. 등고(燈高) 104m에 달하는 독도등대는 133만 칸델라(cd), 즉 100와트 전구 1,940개 밝기의 불빛[1]을 10초에 한 번씩 뿌리며, 사방 40㎞ 내 항해 선박들의 밤길을 안내한다.

우리나라 동쪽 끝 절벽 위 독도등대. 오늘도 동해 밤바다를 밝히며, 독도가 대한민국 영토임을 세계만방에 타전하고 있다.

---

1) 칸델라(Candela)는 빛의 단위, cd로 나타내며 라틴어 '양초'에 그 어원을 두고 있다. 1칸델라는 촛불 하나 밝기이며, 1.0067칸델라는 1촉이다.

유물이 되어버린 3인치 대포

　지난날 독도에서 일본의 도발을 억지하는 주력 병기는 3인치 대포였다. 공군이 F-15를 도입하기 이전 우리의 제공력(制空力)은 보잘 것없었다. 독도는 외부 세력이 공격해 와도 전투기로 방어작전을 펼칠 수가 없었다. 전투기 연료의 한계로 독도에서 5분 이상 체공滯空할 수 없었던 것이다. 그런 시기 그나마 대함對艦, 대공對空 공격력을 갖춘 3인치 대포가 있기에 독도경비대는 마음 든든할 수 있었다. 3인치 대포는 과거 독도의 핵무기였던 셈이다.

포구경 3인치, 포신 50인치 독도대포. 1946년 미국에서 함포로 제작되어, 함대에 설치된 것을 1978년 우리 해군이 인수했다. 경찰청은 1981년 이를 다시 인계받아 동도 정상 현 위치에 설치했다. 독도 3인치 대포는 현역 시절 실제 사격훈련을 했으나 1996년 임무를 끝으로 퇴역했다.

과거 독도의용수비대 시절, 가짜 나무 대포를 깎아 세워 일본 순시선을 물리쳤다는 이야기가 전해온다. 그에 비해 3인치 대포는 독도를 지켜온 진짜 대포다. 다만 지금은 포대가 낡고, 포신이 녹슬어 골조만 겨우 유지하고 있다. 그래도 오늘날 독도를 지킨 위업으로, 방문객의 사랑을 한 몸에 받는 포토존으로 그 자리를 지키고 있다.

2008년 한때, 국가정책조정위원회는 3인치 대포의 국가등록문화재 추진 여부를 놓고 논란을 벌였으나, 결국 무산되었다. 비록 낡고 녹슬어 초라한 모습이지만, 과거의 공헌도를 따질 때, 3인치 대포가 결코 후순위일 수는 없다. 3인치 대포의 혁혁한 공로는 언제까지나 독도 방위 수훈 갑이다.

3인치 대포

해질 무렵 3인치 대포 아래서 초병이 경계근무를 서고 있다.

독도우체통

동도 독도경비대 앞에는 빨간 독도우체통이 설치되어 있다.

40240

    799-805, 최초 독도 우편번호이다. 우정사업본부는 2003년 4월 24일 동도 독도경비대 앞에 우체통을 세우고 우편번호를 부여했다. 독도에서도 우리나라 여느 섬들과 같이 체신 행정이 운용되도록 한 것이다.

    독도우체통은 높이 126cm에 강화플라스틱으로 만들어, '대한민국'과 태극 문양을 새긴 오석烏石 받침대 위에 앉혔다. 그러나 독도우체통은 아쉽게도, 관광객이 갈 수 없는 동도 정상에 있고, 2개월에 한 번씩 수거되어 독도경비대원만 이용할 수 있다. 이후 몇 차례에 걸쳐 선착장에 우체통을 설치하여 일반인이 이용하도록 한다는 계획이 발표되었으나 아직 실행되지 못하고 있다.

    2015년 변경된 독도 새 우편번호는 40240이다. 독도는 우편 행정이 작동하는 대한민국 최동단 마을이다.

새들의 고향
단연 괭이갈매기가 주인

　독도는 1982년 11월 16일 문화재보호법에 의거, 천연기념물 제336호로 고시되었다. 독도는 괭이갈매기, 바다제비, 슴새가 집단 번식하고, 철새들이 대양을 이동하는 길목에 있다. 새들의 고향 독도는 「독도 해조류(海鳥類) 번식지」로 지정되어 보호받고 있는 것이다.

　독도에 서식하는 해조류 가운데 개체수가 가장 많은 종(種)은 괭이갈매기다. 학자들은 독도 괭이갈매기가 2만5천~3만 마리 정도일 것으로 추정하고 있다. 독도가 괭이갈매기의 고향이 될 수 있었던 것은 천적이 없는 데다, 봄철이면 근해에 꽁치 산란장이 형성되어 먹이가 풍부하기 때문이다. 또 벼과 식물인, 개밀이 자라고 있어 괭이갈매기들이 둥지 트는 데 도움이 된다. 독도는 괭이갈매기가 알을 낳고 새끼를 기르기에는 천혜의 조건을 갖추고 있는 셈이다.

　'독도의 주인'으로 불리는 괭이갈매기는 정작 텃새가 아닌 나그네새다. 매년 2월부터 섬을 뒤덮지만 새끼 기르기를 마친 7월 말이면 모두 독도를 떠난다. 8월 이후 독도에 가는 관광객은 괭이갈매기의 군무를 볼 수 없다. 대신, 괭이갈매기가 떠난 섬에는 가마우지나 황로, 흑비둘기, 황조롱이 등이 빈자리를 메운다. 독도는 새들의 낙원이자, 일찍부터 새들이 주인이었던 섬이다.

산란철 독도 괭이갈매기

독도, 대양을 날아가는 새들의 오아시스

　독도, 육탈한 새들의 시린 뼈들이 바람에 뒹굴고, 햇살에 마르는 곳. 독도에서 새들의 일을 말하지 않는다면 인정머리 없다. 아무르 강변에서 타이완을 향해 날아가는 철새는 지칠 대로 지쳤다. 맞바람을 헤친 큰 깃털은 모지라지고, 날갯죽지 근육도 이미 이완되어 버렸다. 목줄은 물 한 모금 축이지 못해 찢어질 듯 타들어가는 것이다. 더러는, 생을 지탱할 마지막 힘마저 소진해 버렸다. 그들에게 오직 한 모금 생명수만이 구원이다.

　그나마 생명의 끈을 붙잡고 있는 새들에게는 다행스럽게도 독도가 있다. 대양의 가운데 위치한 독도는, 기진한 새들의 생을 이어주는 오아시스인 것이다. 이로써 학자들이 생물학적으로 독도를 '구원의 섬Rescue Island'이라 부른다. 새들은 이곳 독도에서 날개를 쉼하고, 한 모금 물을 마신 후 기력을 회복하여, 다시 먼 여행길을 오르는 것이다.

　힘겨운 여정의 새들아, 독도에서 기신起身하라! 그리하여, 떠나는 먼 길에 부디 축복있으라.

겨울밤 달빛은 이울어가고

이미 뱃길은 끊긴 지 두 달째. 외부 사람이라곤 구경할 수 없다. 바람은 거세게 휘몰아쳐 문밖으로 나서기조차 두려운 날들의 연속이다. 끝날 것 같지 않은 격절감과 문득문득 밀려드는 외로움을 피할 도리가 없다. 처절한 몸부림의 시간에 목은 마르고, 사람은 몇 갑절 더 기갈진다.

어제는 오랜만에 바람이 숙지고, 물결이 다소 눅었다. 작은 고깃배 한 척이 흔들리며 섬으로 다가왔다. 한 잎 가랑잎과도 같은 쪽배는 동도 절벽 아래로 와서 붙었다. 작은 배는 내 영혼의 구조선이라는 예감이 들었다. 나는 배가 다가오는 것을 지켜보다 못해 동도 절벽 끝으로 뛰쳐나갔다. 그러고는 옷을 벗어

흔들며 고함쳐 불렀다. 뭐라고도 말을 붙여보고 싶고, 뱃전에 묻은 뭍의 냄새라도 맡고 싶었다. 그러나 조각배는 본 듯 만 듯 그물질만 할 뿐이었다.

초저녁, 고깃배는 내 적막함을 조금이라도 달래주려는지, 독도등대 아래 닻을 내렸다. 선창으로는 희미한 등불이 가물가물 깜빡이고 있다. 나는 창문을 열고, 귓불이 얼얼할 때까지, 파도에 일렁이는 잠든 고깃배를 바라다보았다.

달빛 이우는 이 밤, 나의 창 아래는 희미하게 불을 밝힌 쪽배가 와서 물결에 흔들리고 있다. 나는 기진한 작은 고깃배를 동정한다. 그러나 이 밤, 쪽배는 차라리 바스러진 내 영혼을 위무하고 있는지도 모르겠다.

-독도상주기자 때 일기 중

일본의 독도 침탈은
정한론이 그 뿌리

　일본의 독도 침탈 뿌리를 뽑아들면, 그 원줄기에 요시다 쇼인 吉田松陰이라는 인물이 따라 나온다. 요시다 쇼인은 1830년 죠슈번(현 야마구치현) 하급 무사의 아들로 태어났다. 병학사범인 숙부 타마키 분노신의 양자로 들어간 그는 가계 세습자로 엄한 교육을 받고, 이미 11세에 번주藩主 앞에서 강학을 할 정도로 특출한 재능을 보인다. 요시다 쇼인은 에도막부 말기인 21세 때 전국 주유에 나서, 밀려드는 서구 문물을 목도하고, 일본 개혁을 꿈꾼다. 급기야 막부 타도를 기치로 내걸고, 제자들을 규합하여 선동하기에 이른다. 혁명의 꿈에 불탄 그는 체포되어 투옥된다. 그는 옥중에서 한 권의 책을 쓰게 되는데 당시 식자층이 열광한 그 책, 바로 『유수록幽囚錄』이다. 요시다 쇼인은 『유수록』에서 '무력 준비를 서둘러, 조선을 공략해 옛날의 영광을 되찾아야 한다'면서 정조론征朝論(일명 정한론)을 주창한다. 또한 그는 "조선과 만주를 차지하려면 다케시마[1]를 첫 발판으로 삼아야 한다. 개간의 이름 아래 도해하면 첫 항해 웅략雄略이 될 것이다"라면서 제자들로 하여금 에도막부에 「다케시마 개척서 초언」을 제출하도록 한다. 이것이 근대 일본의 울릉도·독도 침탈의 불씨가 되었다.

---

1) 일본명 죽도竹島. 다케시마로 당시 일본에서는 울릉도를 다케시마로 명명했다.

독도를 찾은 대학생들의 퍼포먼스.
안중근 의사가 하얼빈역에서 이토 히로부미(伊藤博文)를 사살하는 장면을 연출하고 있다.
학생들의 퍼포먼스가 일면 생뚱맞아 보일 수도 있지만,
이토의 행적을 더듬어보면 그리 억지스러운 장면이 아닐 수도 있다.

초대 조선통감이었던 이토 히로부미는 요시다 쇼인의 제자다. 또 '일본 이익의 초점은 조선에 있다'고 주장한 야마가타 아리토모 역시 그의 문하다. 제2대 조선통감 소네 아라스케, 조선총독부 초대 총독 데라우치 마사다케, 2대 총독 하세가와 요시미치, 모두 요시다 쇼인의 가르침을 받았다.

요시다 쇼인은 비록 30년밖에 살지 못했지만 그의 수많은 제자들은 막부 타도의 주역이 되었고, 그는 오늘날에도 일본인들이 가장 존경하는 인물이 되었다. 요시다 쇼인은 정한론을 주창했고, 정한론의 첫 단추는 울릉도·독도 강탈이었다.

일본은 독도를
군사 전략지로 강탈했을 뿐

울릉도 사동 해변 도로공사 때 발견된 일제 침략기 해저전선. 청테이프로 감긴 통신선 한 가닥이 빳빳이 고개를 치켜들고 있다. 이 해저전선은 일본 침략주의 시대의 시작을 알려주는 상징물이자, 일본의 독도 영유권 주장이 터무니 없는 도발임을 알려주는 명백한 증거물이기도 하다.

1904년 2월 8일. 일본은 인천과 중국 여순항에 정박해 있는 러시아 군함에 기습 포격을 가한다. 러일전쟁의 신호탄이었다. 일본은 조선과 만주에 대한 이권을 장악하기 위해 러시아를 향해 발포를 한 것이다. 막상 개전開戰은 했지만, 일본은 동해에서의 제해권 장악이 발등의 불이었다. 쓰시마해협까지 넘나드는 블라디보스토크 함대 봉쇄 여부에 전쟁의 승패가 갈리게 되었던 것이다.

일본은 서둘러 1904년 6월 21일 원산-죽변-울릉을 잇는 해저 전선망을 부설했다. 비록 동해안을 연결하는 전선망을 구축했지만, 블라디보스토크 함대를 감시하기 위해서는, 울릉 북망루와 독도-일본 마쓰에松江를 연결하는 통신선이 절실했다. 독도에 감시 망루가 운용되지 않으면 울릉-마쓰에 간 해저전선망은 반쪽이 될 수밖에 없었던 것이다.

일본 해군 군령부는 망루 설치 장소를 조사하기 위해, 죽변-울릉 간 해저전선을 부설 중이던, 니타카함新高艦을 독도에 파견했다. 1904년 9월 24일 군함 니타카함은 울릉도를 탐문 조사한 결과 독도 인근에 러시아 군함 3척이 표박한 사실을 확인한다. 또 울릉도 사람들은 '독도를 1904년 이전 이미 독도獨島라고 쓰고 있다'는 사실을 일지에 기록했다.

약 2개월 후, 11월 들어 일본 해군성은 다시 독도에 군함 쓰시마호對馬丸를 파견한다. 11월 20일 독도에 도착한 쓰시마호 함장은 현지에 상륙하여 조사한 결과 "정상에 다소 평탄한 곳이 있어 건물 짓기에 충분하다"면서 2개의 망루와 전신시설 설치가 가능하다는 것을 해군 수로부장에게 보고한다. 그러나 겨울철의 악천후로 망루 공사는 연기되었다.

일본은 이듬해인 1905년 7월 25일 독도 망루 공사를 착공했다. 해군 인부 38명을 투입하여 8월 19일에는 숙사와 망루를 준공하기에 이른다. 이후 독도에는 관측병 2명과 인부 2명[1]을 배치하여 러시아 함대를 감시하도록 했다. 약 2개월 가까이 가동되었던 독도 망루는 10월 15일 종전에 따라 그 4일 후에 철수했다.

이처럼, 1904년 두 차례에 걸친 군함 파견은 일본이 군사 전략상 필요에 의해 독도를 강제 점거[2]한 것이 명백하다. 그럼에도 그들은 1905년 2월 강치잡이를 위해 독도를 편입했다고 억지 주장을 하고 있다. 독도를 전쟁수단으로 강제 점거했던 일본은, 카이로선언이 명시한대로 '1차 세계대전 후 강제로 점거한 지역, 독도에서 구축驅逐'됨이 마땅하다. 일본은 독도 시마네현 '편입'을 운운할 수 없다. 일본의 시마네현 독도 편입 주장은 독도를 군사적 목적으로 점령한 것을 숨기기 위한 술수이다.

〈한일의정서 제4항〉

제3국의 침해나 내란으로 인하여 대한제국의 황실 안녕과 영토보전에 위험이 있을 경우에 대일본제국 정부는 속히 필요한 조치를 행할 것이며, 이때 대한제국 정부는 대일본제국 정부의 행동이 용이하도록 충분히 편의를 제공할 것. 또한 대일본제국 정부는 이러한 목적을 달성하기 위하여 전략상 필요한 지점을 사용 가능할 수 있도록 할 것.

---

[1] 기록에 따라서는 하사 1명, 관측병 1명, 병사 2명
[2] 1904년 2월 23일 「한일의정서」 체결

울릉도·독도 모자의 정을
이어주는 독도평화호

　독도 행정을 책임질 독도평화호. 독도평화호는 국·도비 80억 원을 들여 알루미늄 재질로 건조했다. 117톤인 이 배는 승선 인원 80명에 시속 30노트(약 55.6km)로 달린다. 취항한 이래 10년간 총 552회, 한 해 평균 55회를 울릉도-독도를 건너다녔다. 명실상부, 울릉도와 독도를 잇는 징검다리 역할을 하고 있다.

　독도평화호의 중요 임무 중 하나는 독도경비대 교대 지원이다. 2009년 이전에는 독도경비대가 임무 교대를 할 때마다 해양경찰청 경비정을 이용해야 했다. 해경 경비정은 경비 업무 중 짬을 내다 보니 독도경비대의 교대 날짜를 맞추기가 쉽지 않았던 것이다. 교대가 일주일씩 지체되는 것은 다반사였다. 독도평화호가 운항되고 부터는 그런 걱정은 없어졌다.

　독도경비대뿐만 아니라, 대민 행사, 긴급 행정 수요에도 독도평화호는 어김없이 나타나 제 몫을 다하고 있다.

　독도평화호로 인해 독도와 울릉도는 더욱 가까워졌다. 모자母子의 정이 한결 도타워진 것이다.

2009년 6월 26일 오전 11시.
매끈한 몸매의 하얀 배 한 척, 관용선 독도평화호가 독도선착장으로 들어오고 있다.
채 페인트 냄새도 가시지 않은 배에는 울릉군수를 비롯한 70여 명의 울릉도 주민이 타고
독도평화호의 처녀 항해를 축하했다.

1960년대 독도경비대 교대 때는 돼지를 몰고 갔다

독도에 체류하고 있을 때 한 통의 편지를 받았다. 편지를 보낸 사람은 1960년대 독도에서 근무한 전직 경찰관[1]이었다. 긴 편지글에는 당시 생활상이 고스란히 담겨 있었다.

"1967년 12월 3일. 울릉도에서 경찰관 10명이 1조(통신병 1명 포함)가 되어 첫 독도 근무지로 향했다. 독도 근무는 여름에는 20일, 겨울에는 1개월씩 교대 근무를 하는 것이 원칙이다.

근무 교대를 할 때는 울릉도에서 1개월간의 식량과 부식을 싣고 15톤 정도의 목선木船을 타고 도동항을 출발한다. 목선에는 1개월치 먹을 식량, 쌀 1.5가마, 돼지 100kg짜리 1마리, 김치, 된장, 고추장 외 각종 부식, 나물 등과 장작, 긴급의약품, 컴프레서를 돌릴 휘발유 따위를 싣는다.

도동항을 출발, 3, 4시간 걸려 다다른 곳은 우리나라 최동단 독도의 동도. 항구도 아니고 부두도 아닌 시멘트 설치물 앞에 배가 정박하면 작은 전마선(길이 3.5m, 폭 1.5m 정도)으로 다시 옮겨 화물을 내린다.

---

[1] 편지를 보내온 대구 거주 전직 경찰관 최윤홍 씨는 울릉경찰서에 근무하면서 1966년 10월부터 1968년 3월까지 독도 경비경찰로 파견되어 독도 현지에서 근무했다.

하역 작업이 끝나면 타고 간 배는 즉시 울릉도로 회항하고, 우리는 내린 물품을 100m 정도 위쪽에 있는 창고로 옮기는 작업을 곧바로 시작해야 한다. 짐을 부려놓고 보면 장작은 왜 그리 많은지….(1개월분을 상상해보라) 짐을 옮기기 시작하면서부터 대원들 간에는 재미있는 일이 발생한다.

창고로 짐을 나르는 데 힘깨나 쓰는 대원은 쌀가마를 메고 경사 50~60도 가량의 절벽 길을 오르고 나머지는 장작과 부식을 옮긴다. 그 가운데도 중요한 반찬(?)인 산 돼지를 끌고 올라가는 일은 중대사 중의 하나. 돼지는 2인 1조가 되어, 1명은 끌고 1명은 뒤에서 밀고 경사 길을 올라간다.

한번은 평소부터 약은 짓을 잘하는 직원이 마침 돼지를 뒤에서 밀겠다고 나섰다. 평소의 행실을 익히 아는지라 다른 대원은 입을 삐죽이며 "또다시 약은 행동을 한다"고 구시렁거렸다.

그날따라 도중에 사건이 터지고 말았으니…. 100kg이나 되는 돼지를 애를 쓰며 밀고 당기고 겨우 바윗길 중간쯤 올랐다. 그때 험한 길을 오르지 않으려고 버티던 이놈의 돼지가 뒤에서 밀고 올라오는 대원의 얼굴에다 설사를 내질러버린 것. 그러고는 목줄을 빼고 도망치니 뒤따라오던 약삭빠른 대원은 "으악 나 죽네" 하고 돼지 똥 범벅이 된 얼굴을 훑어 내리며 돼지를 쫓아가고, 앞에서 끌던 대원은 "부식 도망가신다. 잡아라" 한바탕 소란을 피운 끝에 겨우 돼지를 다시 포획할 수 있었다.

가지고 간 물품을 거지반 올릴 즈음, 날이 어두워지고 삭신이 쑤신다.

모두들 지친 나머지 마지막 정리는 나중에 하기로 하고 방으로 들었다. 부엌에서는 이미 먼저 올라온 취사당번이 밥상을 차려놓고 기다린다. 모두들 피곤한 데다 배가 고픈지라 한 술 떠 넣는 밥이 꿀맛이고 김치에 된장이지만 진짜 진수성찬일 수밖에. 맛있게 저녁밥을 먹고 나자 열성파 대원들이 나섰다. 밤새 바람이 불어 파도가 칠지 모르니 남겨둔 장작을 마저 올리자는 것. 무거운 몸을 이끌고 내려가 장작을 다 올리고 나자 밤 10시가 넘는다. 그야말로 파김치가 되어 방으로 들어와서 누우니 이곳이 바로 천국이란 생각이 들었다."

– 편지 일부 발췌

1960년대 독도경비대원의 편지글을 읽으면서 '과연 어떻게 견뎌냈을까?' 하는 생각밖에 들지 않았다. 지금은 냉장고도 있고, 담수시설을 돌려 식수를 무제한 공급받고, 부식은 창고가 그득하도록 쟁여놓고 먹는다. 그럼에도 독도 근무를 이토록 힘겨워하는데⋯. 독도를 밟는 사람들아, 돼지 몰고 건너가 독도를 지킨 그 옛날 경비대원들에게 한번쯤 경의를 표해야 되지 않겠는가.

독도평화호 취항 전 2008년도 독도경비대가 해경 경비정으로 교대하고 있다. 끝도 없는 박스 행렬로, 50일간 먹을 쌀 포대에 밥 지을 가스통까지 배에서 내려진다. 들어오는 소대가 짐을 모두 내리면 나가는 소대의 꾸러미를 모두 실어야 한다. 짐을 옮기는 동안 경비정은 독도경비대가 한 달간 사용할 유류를 탱크에 채워준다. 이나마도 과거 독도경비대원들이 어선을 타고 와서 교대하던 시절과는 비교할 바가 못 된다.

독도 삽살개 동순이와 서돌이

삽살개도
일본제국주의 침탈 희생물

독도에는 경비대와 함께 독도를 지키는 반려견이 있다. 천연기념물 368호, 토종 삽살개가 그 주인공이다. 삽살개는 1998년 '동돌이' '서순이' 한 쌍이 처음 독도로 들어왔다. 이후 6세 자손인 '동순이' '서돌이'가 대를 이어 독도를 지키고 있다.

삽살개는 신라시대 왕실의 총애를 받았던 성골聖骨의 군견이었다. 고려, 조선왕조를 지나면서도 진돗개나 풍산개처럼 엄연한 토종개로 그 계보를 이어왔다. 그런 삽살개가 독도에 들어온 것은 우리 민족이 겪은 질곡의 역사 때문이다.

토종 삽살개의 수난은 전쟁의 광기에 사로잡힌 제국주의 일본이 개가죽을 수집하면서부터이다. 1940년 일제는 조선총독부령 제26호를 통해 「조선 내 견피犬皮 판매 제한령」을 내린다. 이는 일본이 군용 모피를 조달하기 위해 국책사업으로 펼친 토종개 가죽 수탈 사업의 시작이었다.

특히, 털이 많은 삽살개 가죽은 방한, 방습 효과가 뛰어나 수탈의 주된 표적이 되었다. 조선총독부 산하 「조선원피주식회사」는 연간 10만~50만 마리의 삽살개를 잡아들였다. 일제는 전쟁이 끝날

독도경비대원들이 독도 지킴이 삽살개와 망중한을 즐기고 있다.

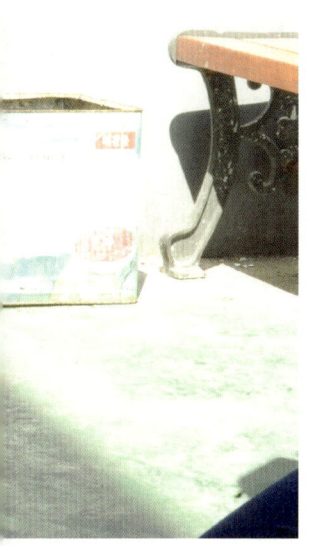

때까지 7년간 100만 마리 이상의 삽살개를 도륙하여 씨를 말리다시피 했다. 일제강점기가 끝나자 삽살개는 사라져 버리고 이름만 남았다.

그런 삽살개의 종種 복원을 위해 경북대 수의학과 하지홍 교수 연구 팀이 발 벗고 나섰다. 1969년 그들은 오지 산골을 뒤져 서른 마리의 삽살개를 찾아내 종을 복원시켰다. 일제에 의해 명맥이 끊길 뻔했던 삽살개의 역사가 근근이 이어진 것이다. 이 같은 사실이 알려지자 사람들은 일본의 침탈 야욕으로 고통받고 있는 독도를 주목하게 되었다. 일제 만행으로 참상을 겪은 삽살개에게, 동병상련을 겪고 있는 독도를 지키도록 특명을 내리게 된 것이다.

독도에 입식된 독도 지킴이 삽살개는 그 후손을 왕성하게 번성시켜 2012년에는 전 국민을 대상으로 공개 분양하기도 했다. 6대째 독도 마스코트 역할을 톡톡히 하고 있는 삽살개는 동해 최전방 파수꾼이다.

특공무술 훈련

경계근무를 서는 독도경비대원들이 쌍안경으로 멀리 바다를 주시하고 있다.

독도경비대원이 독도를 방문한 외국인들에게 독도에 대해 설명하고 있다.

독도는 젊은 피로 지켜졌다

독도는 아직 슬픔이다. 동도 정상, 독도등대 앞에는 6기의 위령비가 있다. 위령비 주인은 1954년 추락사한 허학도 경사를 비롯하여, 김영열 경사(58년 추락사), 김영수 상경(79년 추락사), 이이출 경사(80년 추락사), 권오광 수경(82년 익사), 주재원 경사(82년 익사)가 그들이다.

특히 1982년에 익사한 주재원 경사는 독도경비대장으로 근무 중 뒤집혀진 전마선에서 부하들을 구하고 권오광 수경과 함께 끝내 순직했다. 비록 위령비는 없지만 2009년 실족사한 이상기 경위도 독도 희생자 중 한 명이다. 이들 독도 희생자 유족들은 오늘도 속울음을 울고 있다. 그 슬픔은 현재진행형이다.

2008년 당시 국회 국정감사 기간 중 독도를 방문한 국방위원회 소속 국회의원들이 독도 순직경찰 위령비에 헌화하고 있다.

호랑이보다 무서운 독도 깔따구

'깔따구[1]가 당신의 목숨을 노리니 문 닫을 것' 독도경비대 출입문에 써 붙여둔 경고문. 독도경비대장이 깔따구에 물려 울릉도로 진료받으러 외출을 나갔다. 며칠 전 공사 인부가 깔따구에 물려 후송을 갔다고 해도 대수롭지 않게 생각했었는데, 깔따구 피해가 장난이 아니다.

간밤은 정말 괴로웠다. 지금까지는 깔따구한테 물려도 약간 발갛기만 했다. 그렇기에 나는 깔따구에는 강한 체질이라고 자신했다. 남들이 깔따구 이야기하면 콧방귀 뀌었는데, 간밤에는 정말 된맛을 봤다. 어떻게 그렇게 가려울 수 있는지. 살갗이 둘러 파이도록 긁어도 시원치 않았다. 컴퓨터 자판 한 자 치고 서너 번 긁고, 또 한 자 치고 서너 번 긁었다. 한번 긁기 시작하면 도무지 멈출 수가 없었다. 가려워 미치는 사람, 가려워 죽는 사람도 있을 것 같다는 생각이 들었다. 특히 손가락, 발가락 사이와 노출된 아킬레스건 부위를 집중 공격해댔다. 바르는 모기약, 물파스 따위는 아무 소용이 없다. 어떻게 생겨먹은 미물인지 방충망은 있으나 마나. 어쩔 수 없어 창문을 닫았다. 찜통과 같은 열기에 온 땀구멍에서 물기가 송송 돋아났다. 땀이 목덜미로 가슴팍으로 흘러내려 물고랑을 이루었다. 숨이 막혀 5분을 견딜 수가 없었다. 창문을 열어젖히자 깔따구가 연기처럼 스며들어

---

[1] 깔따구: 독도에 많이 서식하는 바다 모기의 일종으로, 육안으로 관찰할 수 없을 정도로 작은 생물이다. 주로 바닷가로 밀려나온 대왕 등의 썩은 해초에 서식한다.

번개같이 공격해댔다. 모기약 뿌리고 물파스 바르기를 반복했다. 방바닥은 땀과 함께 바르는 모기약, 뿌리는 모기약, 물파스로 범벅이 되었다. 비닐장판은 아예 빙판이 되어 미끄덩미끄덩했다.

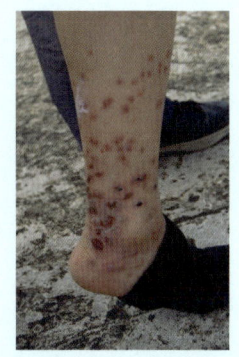

피로에 못 이겨 새벽 두 시 반경 설핏 잠이 들었다. 선잠 속에서 수도 없이 긁어대다가 눈을 떴다. 새벽 네 시. 도저히 견딜 수가 없었다. 몸은 천근이었지만 가려움은 만근이었다. 기진한 몸을 일으켜 수영복을 갈아입고 서도 선가장 船架場 앞바다에 뛰어들었다. 몸이 서늘해지고 가려움이 가시니 살 만했다. 그렇다고 무한정 물에 잠겨있을 수는 없는 노릇. 헤엄치다가 지쳐서 선가장 시멘트 위로 기어 올라와 드러누웠다. 몸이 차가울 때는 깔따구가 달려들지 않았다. 웬 걸. 5분이 채 지나지 않아 또 물어뜯기 시작했다. 먼동이 훤히 트도록 물속을 수도 없이 들락거리는 동안 몸은 녹초가 되고 말았다. 그러면서 날이 새자마자 울릉도에 전화해야겠다고 되뇌고 또 각오했다. 첫 배편에 선풍기 한 대 꼭 좀 보내 달라 부탁해야겠다고.

오늘 밤도 어제 밤과 같을까 봐 두렵다. 아, 이 가려움은 언제쯤 끝이 날까. 독도에서는 깔따구가 호랑이보다 무섭다는 말, 인정한다. 또한 깔따구에 물려 후송 가는 사람을 비웃은 일, 정중히 사과한다. 독도에서 만인은 깔따구 앞에 평등하다.

– 독도상주기자 때 일기 중

일본 영토·주권기획조정실 이력은 독도 침탈 역사

지난 반세기, 일본의 독도 침탈 전략은 어떻게 변해왔을까? 일본 총리실 산하 「영토·주권기획조정실」의 변천 과정을 살펴보면 그 침탈 작위(作爲)의 역사가 드러난다.

영토·주권기획조정실은 1958년에 내각 부서에 설치한 「특별지역연락국」이 기원이다. 1956년 일본과 구소련 사이 쿠릴열도 2개 섬 반환을 합의함에 따라, 연락국은 그 업무를 관장하는 부서였다.[1]

1) 러시아 사할린과 일본 홋카이도 사이의 북방 4개 섬은 1875년 상트페테르부르크조약 이후 일본의 소유였으나 제2차 세계대전이 종전되면서 승전국 구소련이 차지하게 되었다. 이후 일본의 반환 요구에 따라 1956년 일본-소련 공동선언을 통해 북방 4개 섬 가운데 일본 쪽 2개 섬, 하보마이와 시코탄을 일본에 돌려주기로 합의했다. 그러나 1960년 미일안보조약 체결로 냉전이 심화됨에 따라 소련은 반환을 거부했다.

동해를 지키는 해군함정이 독도 부근을 항해하고 있다. 동해의 영해 최전방은 해군함대가 방어하며, 그 안쪽은 해양경찰 함정이 365일 24시간 독도 12해리 부근을 동심원상으로 돌면서 바다를 지키고 있다. 독도 섬 위의 경계 임무는 경북경찰청 독도경비대가 맡고 있다.

일본은 1970년 5월 연락국을 다시 「북방·남방대책청」으로 개편, 발족했다. 개편 의도는 쿠릴열도 반환뿐만 아니라 1972년에 있을 오키나와 반환 업무도 함께 맡도록 한 것이다.[2] 1972년 5월에는 기구를 다시 「북방영토대책팀」으로 개편했다. 그것은 종전 후 미국이 위임통치하던 센카쿠열도를 포함한 오키나와의 반환이 마무리되었기 때문이다. 다시 「북방영토대책팀」으로 하여금 쿠릴열도 4개 섬 반환 업무를 전담하도록 한 조치이다.

그러던 일본은 2012년 11월 「다케시마문제대책팀」을 신설한다고 발표했다. 느닷없이 '독도'를 들고나온 것이다. '독도 분쟁지역화'가 충분히 무르익었다고 판단한 것이다. 다시 4개월 후인 2013년 2월에는 「북방영토대책팀」과 「다케시마문제대책준비팀」을 통합하여, 총리실 산하에 「영토·주권기획조정실」을 전격 설치했다. 이 기구에서 쿠릴, 센카쿠열도와 함께 독도 문제를 다룬다는 것이다. 그런 다음 일본은 독도를, 센카쿠나 쿠릴열도처럼, '돌아와야 할 일본 고유 영토'라고 외치고 있다. 독도를 두고 공공연히 '영토·주권'을 운운하고 있는 것이다. 이와 같은 교묘한 분쟁지역화 술책이 지금까지 일본의 독도 침탈사다.

---

2) 타이완과 일본 오키나와 사이의 센카쿠열도(중국명 랴오위다오)는 과거부터 타이완을 포함한 중국의 영토였다. 일본은 1895년 중일전쟁 중에 센카쿠열도를 오키나와에 복속하였다. 일본의 패전 이후 미국이 오키나와와 함께 위임통치를 하다가 1972년에 일본으로 반환했다. 과거 류큐제국이었던 오키나와는 일본이 1879년 왕조를 무너뜨리고 자국 영토로 복속했다.

일본 지식인 나가노 신이치로는 "한국인들은 시간이 지나면 그냥 잊어버리는 경향이 있으나 일본인들은 주시한다"고 했다. 일본은 이렇듯 독도를 살쾡이의 눈으로 주시하며 한발 한발 다가서고 있다.

일본 시마네현이 오키섬 부두 주차장 입구에 세워둔 '다케시마(독도의 일본명)는 지금도 과거도 오키의 섬'이라는 대형 입간판. 일본은 시마네현청과 주요 교통 요지 등에 '독도는 일본의 섬'이라는 간판을 내걸어 놓고 있다.

일본 오키국립공원 시로시마사키 전망대에 가는 고갯길에 세워둔 표지판. 독도를 표시하고 161km, 대마도 434km라고 표시해두고 있다.

내가 만난 첫 독도는…

"당신은 언제부터, 어떤 계기로 독도에 관심을 갖게 됐습니까?"
초등학교 3학년 때쯤이었을 것이다. 문화교실이란 이름의 단체 영화 관람을 갔을 때 「대한늬우스」에 독도 영상이 한참 흘러나왔다. 그때 장면 중 기억나는 것은, 독도경비대 경찰들이 물이 모자라,

독도에 거센 비가 쏟아져 풍화된 토사 황톳물이 서도 앞바다로 흘러내리고 있다.

구덩이에 고인 빗물을 받아 먹으며 근무하는 모습이었다. 어린 마음에, 죽음을 무릅쓰고 독도를 지키는 경찰들의 모습이 존경스러웠다.

"독도에서 식수는 어떻게 해결하나요?"
많은 사람들이 궁금해한다. 지금은 더 이상 빗물도, 물골 물도 먹지 않는다. 경유로 발전기를 돌려 만든 물을 먹는다. 2007년부터 동도와 서도는 두산중공업에서 제작한 조수기를 각각 설치해 가동하고 있다. 조수기는 바닷물을 걸러 식수와 생활용수로 공급하는 설비다. 조수기를 거친 물은 물 분자 100만 개 중 140개 정도의 소금 알갱이만 남아 민물과 별 차이 없다. 그것으로 독도 사람은 기갈에서 해방되었다. 그렇더라도 하늘이 내린 빗물을 함부로 흘려보내지는 않는다. 빗물은 부족한 물을 보태기 위해 저수조에 채워뒀다가 청소나 빨래 등 허드렛물로 사용한다.

독도에 쏟아지는 비. 비는 무조건 반갑다. 이 비로 목마른 독도의 풀과 나무도 갈증을 푼다. 그 뿐만 아니다. 해중海中에 있으면서도, 물의 귀함을 아는 독도 사람들도 비 오는 날이면 빗속을 서성인다. 샤워를 하는 것이다. 옛날「대한늬우스」속 그 독도 경찰 아저씨들처럼….

비록 식수 걱정이 없다하더라도, 독도의 비는 하늘이 내려주는 고마운 시혜다.

152 천연기념물 사철나무

독도 동도 천장굴 절벽에 천연기념물 538호로 지정된 사철나무가 뿌리박고 있다.

독도에도 100년 넘은 고목이 있다

독도에도 120년 묵은 고목이 있다. 동도 천장굴 북서사면 바위 틈에 뿌리를 내린 사철나무가 그것이다. 사철나무는 높이 50cm, 뿌리 부근 목 굵기 25cm, 수관(樹冠)의 둘레가 7m 정도 된다. 경상북도는 2008년 7월 31일 자로 이 사철나무를 보호수로 지정했다. 그 이후 보호수 사철나무는 척박한 환경에서도 100년 이상을 살아온 강인한 생명력을 인정받아, 2012년 10월 5일 천연기념물 538호로 승격, 지정되었다.

독도 사철나무는 이곳 토종으로, 독도의 근현대사를 지켜보면서, 줄곧 터주 노릇을 하고 있다.

독도에 100년 이상 뿌리를 내린 지킴이가 있다면 최근에 유입된 외래종도 있다. 동도 유류 탱크 뒤 경사지에 나팔꽃이 활짝 피어 아름다운 자태를 뽐내고 있다.

독도의 식물

동도 독도경비대를 올라가는 계단 옆 절벽에 술패랭이꽃이 화사하게 피어있다.

억새

대양 속 섬에도 60여 종 식물이 서식한다

거친 땅, 독도에도 생명은 피고 진다. 독도에는 해국, 땅채송화, 섬기린초, 섬초롱꽃, 갯까치수영 등 초본류와, 사철나무, 섬괴불나무, 보리밥나무 등 목본류를 포함하여 60여 종의 식물이 뿌리를 내리고 있다.

이들 식물군 중 섬기린초와 섬초롱꽃은 울릉도와 독도에서만 자생하는 식물이다. 1900년대 이후 일제강점기 일본인들은 울릉도 자생식물 12종에 「다케시마(takesimana 또는 takeshimensis)」라는 학명을 붙였다. 이는 당시 일본이 울릉도를 '다케시마'로 명명한 것을 확인시켜 주는 것으로, 오늘날 독도 식물상과는 아무런 연관이 없다. 앞으로 독도 고유종 식물을 찾아 「독도」 학명을 붙이는 것, 우리 식물학자들이 할 일 중 하나이다.

조종용 잡나리
갯까치수영 섬기린초

기갈에 저항하는 독도 식물들

독도의 것들은 늘 목마름에 시달린다. 독도의 연간 강수량은 1,300㎜이다. 그러나 그것은 울릉도 강수량을 기준으로 한 추정치일 뿐. 비공인이긴 하지만, 지난 10년간의 무인 강수 측정 기록에 의하면, 연강수량은 약 850㎜ 정도인 것으로 알려졌다.

생명은 이렇듯 척박한 곳에서도 뿌리를 내리고, 또 자손을 번성시켜 훗날을 도모한다. 지형이 형성되고 처음 자리 잡은 식물을 '선도종先導種식물'이라고 한다. 그들은 왕성한 생명력으로 바위나 돌 틈에 뿌리를 박아 다른 식물들이 살 수 있는 환경을 만들어 나간다.

줄기가 말라비틀어졌지만 갈라진 바위틈에 발을 내린 해국, 끊어진 잔뿌리 몇 가지로 바윗돌을 움켜잡고 있는 땅채송화, 이들 전사戰士들이 독도 선도종식물이다. 이들이 자리를 잡으면 후속하여 다른 식물들이 들어와 섬을 푸르게 뒤덮게 될 것이다.

해국

땅채송화

숨탄것들의 섬살이는
식물이나 동물이나 사람이나
모두 고달프다

독도 생명들은
생존을 위해 이렇듯
억척일 수밖에 없다

맨 아래 봄철 막 움을 틔우고 있는 식물은 왕호장근이다. 독도 서도 북사면이 사태로 심각하게 훼손되자 1978년경 사방사업으로 옮겨 심은 식물이다. 지금은 온통 굵은 뿌리가 뒤엉켜 대나무밭처럼 숲을 이루고 있다.

해국이 만발한 섬

가을날 독도는 왕해국 화원

가을날 독도는 왕해국 화원花園이다. 바위틈 곳곳 왕해국이 억기차게 꽃을 피우는 독도는 무상한 섬인 것이다.

2009년 영남대학교 생물학과 박선주 교수 팀은 독도 왕해국에 대한 유전자 조사를 했다. 연구 팀은 우리나라 동해안 양양, 강릉, 죽변, 포항 지역과 일본 서해안 지역의 왕해국 시료를 채취하여 식물 유전자 'DNA' 분석을 했다. 과연 독도 왕해국의 원산지는 어디이며, 어떻게 전파되었는지 확인하고자 한 것이다. 독도 왕해국의 이동은 해류의 흐름을 확인시켜주는 중요한 단서가 되고, 그것으로 과거 돛단배 시절 독도 뱃길을 추정할 수 있다는 것.

조사 결과, 왕해국은 독도와 울릉도가 원산지이며, 한반도 전역과 일본 일부 지역으로 퍼져 나간 것으로 확인되었다. 한반도 양양의 것은 다시 일본으로 전파되었다. 이로써 독도의 식물상이 한반도와 동일 권역임이 밝혀졌다. 또 예로부터 한반도 정주민들은 해류를 따라 어렵잖게 독도를 드나들 수 있었다는 것을 증명한 것이다. 해류의 흐름이 이러했으니까 그 옛날 발해는 36차례에 걸쳐 일본에 사신을 보낼 수 있었을 것이다. 왕해국도 독도가 한반도의 피붙이임을 말해주고 있다.

독도왕전복은 독도가 조선 땅임을 확인시켰다

독도 연안 어장은 울릉도 도동어촌계가 관리한다. 그들이 독도에서 주로 잡는 수산물은 전복, 해삼, 소라, 홍합이다. 최근 독도 어획물 가운데 주목을 받는 특산물 중 하나는 독도왕전복이다. 독도왕전복은 연안의 전복과는 비교가 되지 않을 정도로 크다. 무게 1.2kg의 대물이 학계에 보고된 적도 있다.

휴대전화보다 훨씬 큰 독도왕전복. 이것은 성패가 아닌 중간치 정도 크기의 전복이다.

일본은 이 독도 전복을 빌미 삼아 영유권을 주장하고 있다. 1625년 에도막부로부터 도해면허증을 받아 약 70년간 울릉도에서 어로를 했다면서, 그때 독도를 중간 기착지로 이용했으므로 독도는 자기네 땅이라는 것이다. 당시 독도로 출어한 오야大谷, 무라카와村川 두 가문은 전복을 따서 에도막부에 진상했다고 주장한다.

그러나 일본이 제시하는 도해면허는 외국과 교역에 종사하는 사람에게 내준 증서인바, 에도막부는 독도가 해외임을 인식한 증거가 된다. 그마저도 안용복이 울릉도로 감으로써, 오야, 무라카와 가家의 월경越境 행위가 탄로 났다. 안용복으로 인한 외교 분쟁 결과, 에도막부는 1696년 일본 어부들로 하여금 울릉도와 독도로 건너가지 못하도록 도해금지령을 내렸다.[1] 일본 서해안 곳곳에 울릉도·독도 도해를 금지하는 경고판을 세웠던 것이다. 1836년에는 이를 어기고 울릉도·독도로 건너간 하마다번의 하치에몬이란 자가 처형당하기도 했다.

독도왕전복은 안용복과 함께 일찍이 역사의 전면에 등장하여 주목받았다. 그리고 '한국 땅 독도'를 확인시켜 주었다. 일본이 전복을 빌미로 독도 영유권을 운운하는 것은 자가당착이다.

---

1) 일본은 1696년 막부가 울릉도에 대해서 도해를 금지했지만 독도는 하지 않았다고 주장한다. 그러나 1695년 막부가 '죽도(울릉도) 외에 돗토리 번에 소속된 섬이 있는가'라고 질의했을 때 돗토리 번은 '죽도(울릉도) 송도(독도)는 물론 그 밖에 소속된 섬이 없다'라고 답변했다.

독도 앞바다에는 전기가오리도 산다

독도 해역은 천혜의 어장이다. 독도 근해는 북쪽에서 밀고 내려오는 북한해류와 쿠로시오난류의 지류인 동한난류의 영향을 받아, 해류가 선회하는 지점이다. 따라서 다양한 어류들이 몰려든다. 오징어, 꼴뚜기, 문어, 연어, 꽁치뿐만 아니다. 전기가오리까지 헤엄치고 있다.

과거 독도경비대원들은 1m가 넘는 가오리를 심심찮게 잡았다. 웬만한 낚싯바늘은 가오리가 이빨로 잘라버려, 대물 가오리는 대못을 구부려 낚싯바늘로 만들어 썼다고 한다.

황금 어장 독도에 최근에는 노랑자리돔이나 청줄돔도 현란한 자태를 뽐내며 유영한다. 해수 온도가 상승하여 제주도 연안에서 주로 서식하는 어류들이 독도 앞바다에 나타나고 있는 것이다. 독도 주변 1㎢ 해역에는 총 11문 206과 459종의 해양무척추동물이 산다. 어류는 129종이 분포하여 서식한다.[1]

다양한 생물의 보고寶庫, 독도. 독도바다를 잘 보존하는 것, 또한 이 시대 우리의 소명이다.

---

1) 국립생물자원관 및 2019년 한국해양과학기술원 자료는 독도 어류를 총 180종으로 기록하고 있다.

국립수산과학원 「탐구20호」 연구원들이 독도 근해에서 해양생물 조사를 하고 있다.

울릉도서 독도가 안 보인다니…

"우산(독도) 무릉(울릉도) 두 섬이 울진현의 정동쪽 바다에 있다. 두 섬이 서로 거리가 멀지 않아 날씨가 맑으면 바라볼 수 있다." 『세종실록』「지리지」는 1454년 이미 독도에 대한 지리적 인식을 공식 기록하고 있다.[1]

울릉도에서 독도까지는 87.4㎞. 해무海霧가 없는 날이면 서로 바라보인다. 특히 대기가 청명한 가을날, 해 뜰 무렵이면 150m 이상 울릉도 언덕에 올라서면 어디서건 독도를 뚜렷이 볼 수 있다. 그러나 독도에서 가장 가까운 일본의 오키섬과는 157.5㎞ 떨어져 있다. 아무리 날씨가 맑아도 두 섬은 서로 관측할 수가 없다. 이로써 울릉도와 독도는 동일 권역 하나의 섬으로서, 대한민국 영토라는 지리적 권원을 완성시킨다. '울릉도와 독도 두 섬은 서로 거리가 멀지 않아 날씨가 그리 맑지 않아도 바라볼 수 있다.' 그럼에도 한때 일본은 '울릉도에서 독도를 볼 수 없다'고 생트집을 잡았다. 울릉도에서 본 독도 사진이 흔해진 요즘, 일본인들은 울릉도에서 독도를 볼 수 없다는 소리를 하지 않는다.

---

[1] 일본 기록 가운데 처음으로 독도가 등장하는 것은 관찬서 『은주시청합기 隱州視聽合記』이다. 『세종실록』「지리지」에 비해 200여 년 후 발간된 이 책은 1667년 이즈모(出雲, 현 시마네현 동쪽 지역)의 관리 사이토 호센齋藤豊宣이 번주의 명령으로 오키섬을 순시하고 주민들에게 들은 내용을 정리하여 보고한 공식문서이다. 이 책에는 '일본의 서북쪽 경계는 이 주(此州, 현재의 오키섬)를 한계로 한다'고 기록되어 있다.

2017년 8월 여름철 한낮, 울릉도 안용복기념관 앞에서 육안으로 확인한 독도.
해무가 제법 낀 날씨인데도 24~70㎜ 카메라 렌즈에 독도가 선명하게 잡혔다.

가을날 해 질 무렵, 독도 서도 중턱에서 육안으로 울릉도가 훤히 건너다보인다.

독도에서는
무시로 볼 수 있는 울릉도

처음 독도에 가면서 욕심을 냈던 사진 중 하나는 '독도서 본 울릉도'였다. '과연 독도에서도 울릉도를 볼 수 있을까.' 2008년 당시만 해도 독도에서 울릉도를 찍은 사진은 쉽게 볼 수 없었다. 그래서 불안감이 적지 않았던 것이다.

가을철 들면서 매일같이, 그것도 하루 종일, 손에 잡힐 듯 울릉도가 선명하게 떠 있었다. 욕심내고 말고 할 것도 없었다. 그때까지만 해도 독도 방문객이 그다지 많지 않았고, 휴대전화가 귀한 데다, 카메라의 화질이 떨어졌기 때문에 사진이 귀했을 뿐이었다. 독도에서 울릉도가, 울릉도에서 독도가 보이느니 안 보이느니 하는 것은 시빗거리가 될 성질의 것도 아니었다. '이를 두고 어찌 모자母子 관계의 섬이라 말하지 않을 수 있겠는가' 의아할 뿐.

독도 사람들은 울릉도를 바라다보며 혈육을 그리듯 한다. 울릉도는 독도에 있어 그런 어머니 섬이다.

동해,
이렇게 '일본해'로 강탈해갔다

울릉도·독도가 있는 바다는 동해다. 우리는 그렇게 물려받았고, 우리나라 애국가도 '동해'로 시작하고 있다. 그런데 다른 나라 대다수 사람들은 '일본해'로 부른다. 세계의 많은 지도들도 그렇게 표기하고 있다. 왜 이런 일이 벌어졌을까? 지도의 변천을 통해 '동해' 바다 이름 침탈 과정을 한번 살펴볼 필요가 있겠다.

1810년에 제작된 에도막부 관찬지도 「신정만국전도」는 우리 동해를 조선해로, 일본의 동쪽 바다, 즉 태평양을 '대일본해'로 명기하고 있다. 당시의 대부분 지도들은 그렇게 표기했다. 그러나 1894년에 만들어진 「일청한삼국전도」는 동해를 두 구역으로 나누어, 우리 동해 쪽을 조선해, 일본 서쪽 바다를 일본해로 표기하고 있다. 한 세기가 지나지 않아 바다 이름이 변한 것이다.

그렇게 된 연유는 일본의 지리적 인식의 한계 때문이다. 1854년 일본은 미국과 「일미화친조약」을 맺으면서 세계에 대한 새로운 인식을 갖는다. 그때 그들이 불렀던 '대일본해'는 미국인들이 명명하는 '태평양'임을 알게 된다. 이에 갈 곳을 잃은 '일본해'가 슬그머니 우리 동해로 밀고 들어온 것이다. 어떤 지도는 쓰시마해협이나 남중국 해상에 일본해를 갖다 붙이기도 했다.

그러던 것이 1905년 러일전쟁에서 승리한 직후 일본은 관보를 통해 모든 지도에 우리 동해를 일본해로 명기하도록 고시했다. 일본에서 발행되는 지도는 모두 동해를 일본해로 표기하게 된 것이다.

더불어, 1929년 국제수로기구(IHO)에서 발행한 「해양과 바다의 경계(S-23)」 초판에 동해를 '일본해(Sea of Japan)'로 등재하여 회람했다. 당시 우리는 일본의 강점하에 있었다. 이후 전 세계 지도들은 동해를 일본해로 표기하게 되었다. 이는 1953년 3판 개정 때까지 계속되었다.

1977년 「해양과 바다의 경계」 개정판 논의 때부터, 우리는 동해와 일본해를 병기해줄 것을, 국제수로기구에 요구했다. 그 뿐만 아니라, 1991년 유엔 가입 이후 이듬해 유엔 지명표준화 회의에 '동해/일본해' 병기를 주장했다. 그동안 우리의 요청에도 불구하고, 일본의 반대로, 국제수로기구는 「해양과 바다의 경계」 개정판을 내지 못하고 미루어 왔다.

2020년 11월 국제수로기구는 새로운 안을 제시했다. 그동안 「해양과 바다의 경계」 개정 필요성이 절실했던 국제수로기구는, 디지털시대에 맞춘 해도집 표준 「S-130」을 개정하기로 결의했다. 이 「S-130」에서 주목할 점은 해양과 바다의 이름을 쓰는 대신, 고유번호로 식별하기로 결정한 것이다.

이로써 국제수로기구에서의 '동해 병기 논란'은 막을 내리게 되었다.[1] 그러나 세계의 지도들에는 관행적으로 여전히 해양과 바다의 지명을 쓰게 될 것이다.

세계지도에서 일제강점기 때 빼앗긴 우리 동해를 다시 온전히 되찾아야 한다. 동해는 일본 바다가 아니다. 동해는 고구려 광개토왕 비문에 새겨져 2천 년 이상 불려온 바다 이름이다. 동해는 우리 바다다.

해경 함정 선상에서 바라본 독도. 한겨울 몰아치는 강풍에도 독도는 의연하다.

1) 2020년 11월 16, 17일 양일간 개최된 국제수로기구의 「해양과 바다의 경계」 새로운 표준 「S-130」을 두고 한국과 일본의 해석상 입장이 다르다. 문제는 '(S-23을) 계속해서 이용 가능하다'는 사무총장의 보고서. 이를 두고 우리나라는 이번 결정이 「S-23」이 "표준이 아닌 출판물로서만 남는다는 것을 명확히 한 것"이라는 해석이다. 반면 일본은 "일본해 단독 표기의 정당성이 인정되었다"고 주장하고 있다.

365일, 24시간
독도를 지키는 사람들

365일 독도 안에서 독도를 지키는 사람들이 있다면, 1년 내내 독도 밖에서 독도를 지키는 사람들도 있다. 바다에서 독도를 지키면서도, 언제나 독도를 바라보기만 하는 사람들, 해경 경비함 대원이 그들이다.

일본 순시선은 태풍이 닥치지 않는 한 3, 4일에 한 번씩 독도로 온다. 오키섬에서 출발한 순시선은 매번 독도 12해리 밖을 동심원상으로 한 바퀴 돌아 남동쪽 바다로 사라진다. 이는 독도를 '관리했다'는 기록을 남기고자 벌이는 잔꾀라는 것이 이미 잘 알려져 있다.[1]

일본 순시선이 오키섬을 발진하면 우리 해경 함대는 즉각 경계 태세에 들어간다. 통상 일본 순시선은 정확히 12해리를 지켜 그 바깥을 동심원상으로 돈다. 마치 독도의 12해리 안쪽만 한국 영해로 인정해 주겠다는 무언無言의 시위라도 벌이는 것처럼. 그러면 우리

---

1) 독도를 찾는 관광객 가운데 어떤 사람들은 독도 인근에 온 일본 순시선을 보고 우리 영해를 어떻게 들어오느냐고 의아해한다. 1952년 이후 동해상에서 평화선(일명 이승만라인)이 획정된 이후로는 독도 인근 해역에 일본 선박이 아예 접근할 수 없었다. 그러나 1998년 신한일어업협정 체결 결과, 독도 인근 12해리 밖 동해상은 중간수역, 또는 잠정수역으로 구획되었다. 현재 중간수역, 또는 잠정수역은 한국과 일본 특정국의 영토 개념이 적용되지 않는다. 따라서 독도 12해리 밖과 우리나라 배타적경제수역 사이로는 일본 순시선을 운행할 수 있다.

군사작전 중인 해군 헬기가 독도헬기장에 착륙하고 있다.

해경 함정은 만일의 사태를 경계하며, 일본 순시선의 진행 방향에 맞춰, 안쪽을 똑같이 따라서 한 바퀴 도는 것이다.

비록 일본의 순시선이 뻔한 계략을 꾸미더라도 우리는 독도를 온전히 지켜야 한다. 해양경찰청 함정에 승선한 우리의 젊은 대원들은, 3~4m 폭풍우에 초주검이 되면서도, 24시간 독도 앞바다를 누빈다.

"현재 시각 16시 28분, 풍향 북북동, 파고 0.5, 이 시각 현재 독도는 이상 무!"

눈 온 날 독도

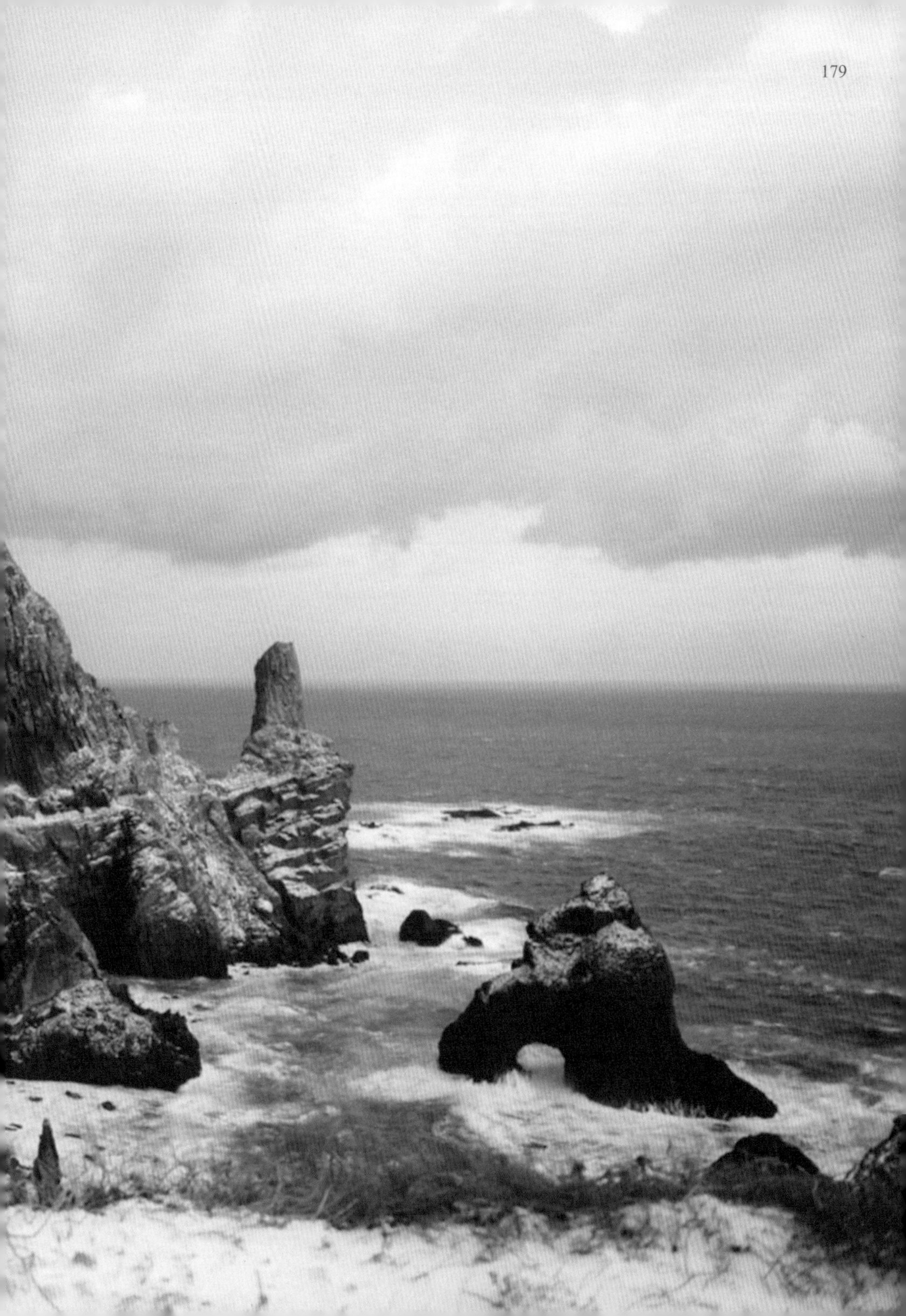

독도는 제설 작업 중

독도등대 생활이 2개월이 다 되어간다. 1월이 다 지나 가도록 눈이 내리지 않았다. 하마나, 하마나, 속이 탔다. 독도서 겨울을 나면서도 설경雪景 사진 한 장 못 건지는 것 아닌가 해서 조바심이 난 것이다.

2월 중순도 지난 오늘 아침, 이불 밑에서 꼼지락거리는데 등대 직원, 허 주사가 깨웠다. "전 기자요, 눈 왔어요. 빨리 나와 봐요." 벌떡 일어나 카메라를 들고 맨발로 뛰쳐나갔다.
"허 참! 이게 모두요?"
"이게 어딘데요. 독도에서는 눈이 오면 강풍에 날려 전부 바다로 빠져버리기 때문에 설경 보기가 쉽지 않아요."

틀린 말은 아니다. 경비대원들이 제설 작업을 하는 걸 보니까, 적게 온 눈이라고 할 수 없다. 오늘 아침에 누른 카메라 셔터만도 수십 번은 더 될 것 같다. 희끗희끗 중늙은이 머리 같은 반백의 서도. 이 사진 한 장이라도 건졌으니 그저 감사할 따름이다.

- 독도상주기자 때 일기 중

일본 독도 영유권 주장, 국제법으로도 '침탈'

일본은 도대체 무슨 근거로 저렇게 생떼를 부린단 말인가. 과연, 저들의 도발을 무력화시킬 '급소'는 무엇인가?

일본이 독도 영유권을 두고 내세우는 것은 크게 두 가지다. 1905년 시마네현이 편입했다는 것과 1951년 샌프란시스코조약 문서가 그것이다. 물론 이것 두 가지 모두 억지다. 이것이 왜 억지인지 꿰뚫어 보려면, 이 두 주장의 본질을 이해해야 한다. 직시할 것은, 시마네현 편입과 샌프란시스코조약은, 역사적으로 일본 침략 제국주의 발호 시기의 시작과 끝이라는 사실이다. 이 제국 침략기는 인류 역사상 비이성적인 '전쟁 암흑기'였다. 독일의 사례를 보더라도, 이 침략제국주의 시대에 강탈한 영토는 반환하고, 오늘날에도 기회 있을 때마다 반인륜적 행위를 사죄하고 있다. 범죄행위로 지탄받는 「전쟁 암흑기」, 이에 대한 부정은 인류 보편의 역사 인식이다.

일본의 영유권 주장에 대해, 독도가 한국 땅임을 확신하고, 반박할 근거는 이렇다. 울릉도와 독도의 영유권을 두고, 1693년부터 조선과 일본이 외교 분쟁을 벌인 사실. 그 결과 두 섬의 귀속에 관하여 양국은 서로 문서 교환으로 마무리 지었다는 것은 이미 확인했다.[1] 일본은 그동안 1699년에 체결한 이 국가 간 약정, 즉 현대적

의미의 '조약'을 명확히 인식하고 지켰다. 이는 1868년 일본이 국체國體를 현재의 체제로 바꾼 메이지유신 이후에도 그대로 계승되었다. 메이지유신헌법 제76조에는 "이 헌법에 모순되지 않는 이전의 법령은 준유遵由(지키고 따른다)의 효력을 가진다"고 명시했다.

이후 시마네현이 울릉도·독도에 대한 지적조사와 관련하여 문의했을 때, 이 법에 의거하여, 1877년 일본 최고행정기관 태정관은 지령문을 통하여 "울릉도와 독도는 일본과 관계없음을 명심할 것"이라고 못 박았다. 그렇게 양국의 조약은 엄중히 지켜졌다.

그러던 것이 일본 침략제국주의가 발흥하면서 모든 법은 무시되었다. 일본의 법은 비이성적 전쟁시대의 비상시국법으로 대체된 것이다. 이때 한반도는, 독도 강점을 시작으로 유린되기 시작했다.[2] 이후 을사늑약을 통해 한반도 전체가 일본의 통치하에 들게 되었다.

제2차 세계대전 막바지, 카이로에서 연합국 수뇌회의가 열렸다. 여기서 연합국 대표들은 전쟁이 끝남과 동시에 '일본이 약취略取한 모든 지역에서 일본 세력을 구축驅逐한다'고 선언했다. 이는 일본은 비이성적 전쟁을 일으킨 나라이고, 일본의 패전과 함께, 한때 전쟁 상황을 정상으로 되돌린다는 연합국의 합의인 것이다.

---

1) 94쪽 '안용복장군바위' 편 「울릉도쟁계」 참고.
2) 124쪽 '독도 전략적 점거의 증거' 편 참고. 일본이 러일전쟁을 위해 독도에 망루를 세워 강점한 사실.

한국은 일본의 패전 후 카이로선언과 포츠담선언에 따라 해방되었다. 당연히 독도도 제1차 세계대전 이후 군사적 목적으로 '약취된 지역'으로, 독도에서 일본이 '구축 되는 것'은 마땅하다. 그러나 샌프란시스코조약에서 일본에서 제외되는 지역에 명기되어 있지 않다고 주장한다.[3] 이는 국제법적 관점에서 맞지 않을뿐더러, 이와 같은 주장은 일본이 독도에 대하여 여전히 일제 침략제국주의시대의 전시법戰時法을 들이대고 있는 것일 뿐이다. 일본은 아직 1904년의 「한일의정서」가 유효하다고 주장하며, 대한민국 독도의 독립을 인정하지 않고 있는 것이다.

1978년 조약에 관한 비엔나협약 11조는 "조약으로 획정된 국경과 조약에 의해 확립된 국경 체제에 관한 권리와 의무는 국가 승계에 의해 영향을 받지 않는다"고 규정하고 있다.[4] 「울릉도쟁계」 끝에 1699년 조선과 일본이 맺은 국경조약은 오늘날에도 여전히 유효하다. 따라서 일본의 독도 영유권 주장은 국제법상 하등의 근거가

---

[3] 일본이 주장하는 '샌프란시스코조약 문서'는, 조약 2조에 일본이 반환해야 할 섬에 제주도, 거문도, 울릉도만 명시되어 있고 독도에 관한 기록이 없다는 것이다. 그러나 일본의 주장과 달리, 조약 2조가 영토 경계나 독도 귀속에 관한 규정이 아닌바, 이로써 독도를 한국령, 또는 일본령으로 확정지었다고 말할 수는 없다. 그러므로 독도 영유권 문제는 그 이전의 사정들에 근거하여 판단하는데, 기존의 역사적, 법적 근거를 볼 때 조약 2조는 독도가 한국령으로 해석됨이 타당하다. 또 하나는 샌프란시스코조약 체결에서 한국은 당사국이 아닌 만큼 조약 자체가 한국에 법적 효력을 미치지 못한다는 점이다. (『국제법과 함께 읽는 독도현대사』, 정재민, 나남, 2013)

[4] 독도연구 제25호 「독도 문제에 대한 주요 쟁점 검토-도해금지령과 태정관지령을 중심으로」 이성환 교수 논문.

해경 함정 독도방어훈련에서 해경대원들이 개인화기로 적 제압 시범을 보이고 있다.

없다. 설령, 독도가 일제강점기 최초의 침탈 희생지가 되었더라도, 일본의 패전과 함께 해방되었다. 독도에 대해 일본이 영유권을 주장하는 것은, 한반도 침탈 당시로 되돌리자는 것으로, 대한민국의 독립 자체를 부정하는 것이다.

이것으로 일본의 주장이 억지임을 확인할 수 있다. 독도는 일본의 주장처럼 영유권 문제가 아니라는 사실. 이는 단지 과거사에 대한 논란일 뿐이다. 지금까지 일본은 독도를 분쟁지역으로 돌리려고 본질을 호도하는 것이다. 일본은 1699년 조선과 맺은 조약을 지켜야 한다.

독도 역시
'가히 한바탕 울음 울 만한 곳'

어둠은 왜 적막한가

아직도 그리운 것들이 있기 때문이다.

어둠은 왜 슬픈가

지금도 보고 싶은 사람이 있기 때문이다.

어둠은 왜 두려운가

여태도 못다 한 일이 남아있기 때문이다.

어둠을 볼 줄 아는 자는

제 그림자를 굽어 볼 줄 아는 사람이다.

연암 박지원은 열하일기에서 적고 있다. 요동벌판 백탑을 지나며 '이곳은 장부가 가히 한바탕 울음 울 만한 곳이다'고. 감히, 그 글을 적은 옛사람의 심사를 짐작해 보자면, 끝없이 펼쳐진 광야의 황량함 가운데 우뚝하게 솟아난 것에 대한 안도감 때문이 아니었을까 싶다.

달빛에 비친 독도 앞바다가 끝없는 빙판처럼 펼쳐졌다. 어둠 속 적요(寂寥). 늘 술렁이던 바다가 고요히 숨죽이고 엎드린 모습을 보고 있자니 갖은 상념이 떠오른다. 멀리 외진 바다에 처한 외톨이의 설운 심사에, 끊임없이 도전받는 것에 대한 분노감과, 무언가 시원하게 해결되지 않는 갑갑함이 더하여 속 시원히 울음이라도 한번 울고 싶은 심정이 되는 것이다. 달 밝은 오늘 밤, 독도 앞바다도 '가히 한바탕 울음 울 만한 곳'이다.

- 독도상주기자 때 일기 중

대한제국 칙령 41호는 엄연하다

이제 '대한민국 동쪽 첫 섬 독도'에 방점을 찍는다.

구한말, 우리가 일본으로부터 36년간 치욕을 당할 당시 상황은 그랬다. 조정은 무능했고, 관리는 부패했고, 백성은 무지했다. 필연의 결과, 왕조의 궐문闕門은 닫히고, 강토는 짓밟혔다. 그나마 다행인 것은, 국운이 다하여 국왕이 폐위당하는 와중에도, 우리 국토의 먼 변방을 추슬렀다는 것이다.

안용복장군바위 뒤쪽으로 동해의 아침 해가 떠오르고 있다.

1895년 울릉도에는 200여 명의 일본인들이 무단 월경하여 들어와 살았다. 그들은 일본제국의 위세를 믿고, 주민들에게 칼을 휘두르고, 마음대로 나무를 찍어내 갔다.

울릉도를 위임 관리하는 '도감島監'이 우리 주민을 보호하고, 일본인을 내쫓기에는 역부족이었다. 경찰력과 행정력이 수반되지 않았던 탓이다. 이에, 대한제국은 1899년 우용정을 시찰위원으로 울릉도에 파견한다. 그의 시찰 결과 보고에 따라 대한제국 의정부는 울릉도를 정식 '군郡'으로 승격할 것을 결의하게 된다.

1900년 10월 25일[1] 대한제국은 칙령 41호 「울릉도를 울도로 개칭하고 도감을 군수로 개정한 건件」을 관보를 통해 공포한다. 관보官報에 게재된 울도군수의 관할 범위는 칙령 제2조에 나와 있다.

"**제2조 군청의 위치는 태하동으로 정하고 구역은 울릉전도**鬱陵全島**와 죽도**竹島 **석도**石島**를 관할할 사**"

관보의 석도는 독도를 한자식으로 표기한 당시의 이름이다. 이렇게 1900년 대한제국은 독도에 대해 행정 관할을 명확히 못 박았다. 이것이 독도가 한국 땅임을 대내외에 재천명한 결정적 증거다.

---

[1] 경상북도가 2005년부터 10월 한 달을 「독도의 달」로 제정한 것은 대한제국 칙령 41호 반포일인 10월 25일에 근거를 두고 있다. 2004년 이후 논란이 되어 온 10월 25일 「독도의 날」 또는 「독도 칙령의 날」 논란도 이에 기인한다.

영원한 아침 풍경

독도, 자손만대 우리 섬

　독도에는 퇴적의 역사가 없다. 역사는 모두 풍화되어 버리고 지표는 오직 오늘만 투사^{投射}할 뿐이다. 철저히 현재를 사는 섬, 그 곳이 독도다.

　나는 그런 독도에 가지런한 역사를 새기고 싶었다. 이곳에서 사람의 역사, 한반도인의 역사를 길어 올리고 싶었던 것이다. 그 옛날, 이 섬을 거쳐 간 발해인들의 전설과 안용복의 자취와 독도의용수비대의 흔적을 포착하고자 했다. 그러나 옛날의 일들은 멀기만 하여 마치 풍설^{風說}과도 같았다. 다행히, 많은 학자들이 고문서를 뒤적이고, 행적을 연구하여 아득하기만 하던 일들을 하나하나 고증해냈다. 그것을 따라가는 여정은 기쁨이었다.

　독도에는 기록의 역사가 없다. 기록은 모두 산화해 버리고 그곳에는 빈 바람만이 흩날렸다. 막무가내 바람이 지배하는 섬, 독도. 나는 이 바람의 나라에 사람의 족적을 남기고 싶었다. 독도를 거쳐 간 사람들의 발자국이 남기를 바랐다. 독도에 사는 1년 동안, 세금을 내는 독도 주민과 변방에서 병역을 하는 독도경비대와 동해 밤길을 안내하는 등대원들의 삶을 추적하고자 했다. 그들의 삶을 기록하는 일도 결코 만만하지 않았다. 다행히 시대의 한 단면이나마 사진으로, 글로 기록할 수 있었다. 그들과 함께한 시간은 행운이었다.

동도에서 서도를 건너다보며 보낸 수많은 날 동안 나는 늘 기원했다. 독도에 있어, 나는 이 모든 것, 역사와 사람 이야기들이 '터무늬'로 아로새겨지기를 소망한 것이다. 또다시 많은 세월이 흐르더라도, 독도에 쟁여진 사실들이 결코 빛 바래는 일이 없기를 바랐다. 그리하여, 독도가 더욱 강고強固해지기를 염원하는 것이다.

오늘처럼, 앞으로도 언제까지나, 독도에 이 강토의 해가 여상히 뜨고 지기를….

감사의 말씀

이 책은 수많은 사람들의 정성으로 묶어졌습니다.

초고를 쓴 지 5년이 지나도록 출간하지 못 하다가 크라우드 펀딩으로 이 책을 세상에 내놓게 되었습니다. 무엇보다 먼저, 펀딩에 참여해주신 한 분 한 분께 깊이 감사드립니다. 더불어 처음부터 크라우드 펀딩을 꼼꼼히 챙겨 진행을 맡아준 ㈜프램코퍼레이션 강태구 대표님과 임직원님들 고맙습니다.

'이 책은 꼭 대한민국 국민들 손에 들리도록 해야 한다'고 격려하면서 인쇄비만 받고 3개월에 걸쳐 자신의 책처럼 만들어준 「밝은사람들」 이석대 사장님, 그리고 멋진 책이 되도록 편집해준 이현경 실장님·서은수·송민주 님과 임직원 여러분, 고마움 잊지 않겠습니다.

개인적 친분에 더하여 독도를 사랑하는 마음으로 지원해준 여러 후원자가 없었으면 이 책이 나올 수 없었습니다.

우리 사회 큰 어른이면서도 자식 같은 저자를 '글벗, 글벗'이라고 불러주면서 이끌어주고 후원을 아끼지 않으신 김형국 서울대 명예교수님, 30여 년 전 도자기를 인연으로 만난 후 늘 친동생처럼 보살펴주면서 몸이 아픈 가운데도 응원해주신 윤광조 아티스트, 젊은 날부터 흔들리는 나의 삶을 바로 잡아주고 붓 농사 사례금을 찔러 넣어주신 육잠 스님, 순전히 창의적 발상으로 동대구역세권 개발을 주도하고 대구FC 엔젤클럽을 이끄는 대구 대표 서포터즈로 이 책의 시드머니를 마련해주신 ㈜대영에코 이호경 대표님, 해외에 독도를 알리겠다는 열정으로 처음 만난 이후 두 번째 만남에서 "이건 국가를 위한 일이잖아요" 하면서 흔쾌히 도움 주신 한동관 가나공화국 한인회장님, 독도의 하늘 역시 우리 영공임을 공고히 하고자 독도에 항공기 취항면허를 받아낸 장본인으로 이번 독도책 발간에도 선뜻 마음을 내주신 예천천문센터 조재성 대표님, 진취적인 사업마인드로 자수성가하여 더불어 살아가는 세상을 위해 베풀기를 실천하시는 퀸벨호텔 박왕 대표님, 대구교육청 근무시절 바쁜 일정에도 독도행사 때마다 빠짐없이 찾아와 격려해주고 큰 힘이 되어주신 유금희 실장님, '아빠, 쌀이 떨어져…' 딸의 하소연 속에서도 예술의 길과 의리를 저버리지 않았던 연봉상 도예가, 교육 사업한다고 수년째 빈주머니로 쫓아다니면서도 독도 일이라면 발 벗고 나서는 김정곤 ㈜친환경이앤씨 대표, 강원도의 떠오르는 별로 어릴 적 몇 번 업힌 값을 이번에 톡톡히 치른 생질 정지욱 변호사, 고향 선후배라는 인연으로 30여 년을 한결같이 굳은 일을 도맡아 주고 큰 힘이 되어준 이형석 도예가, 초등학교 시절 독도에서 주워온 괭이갈매기 알을 삶아먹었다며 나에게 독도 바람을 불어넣은 정일환 울릉도 친구, 2008년 독도상주기자로 독도에 들어 갈 때부터 이 책이 나오기까지 지원을 아끼지 않은 묵죽회 친구 김문환·김타관·박광진·이성하 내외 큰 은혜를 입었습니다.

장가들고부터 오늘까지 공수표만 날리는 맏사위를 감싸주고 응원해주시는 박찬숙 장모님, 그리고 책을 낼 때마다 상자떼기로 주문해서 주위에 나눠주는 처남 변형우·변창호·동서 김중곤 내외, 집안 장남으로 제 몫을 못하지만 묵묵히 응원해주는 나의 든든한 배경 정만영·이경환·박용택·태진 형제 부부 오늘에야 처음으로 미안함과 감사의 마음을 전합니다.

한푼 두푼 모은 노령연금 호주머니에 찔러준 93세 조수남 우리 엄마, 아들 결혼은 어떻게 시키려고 그러냐고 눈을 흘기면서 봉투를 내민 나의 반쪽 변진희, 새로 사업장 짓는다고 한 푼이 아쉬울 텐데 큰 힘을 보탠 딸아이 김경대·수린 내외, 사회 초년병으로 원룸 월세 고민하면서 큰돈(?)을 송금해준 아들 종혁, 이 글을 쓰자니 고마움보다 가장으로서 초라함에 눈물이 난다.

이 빚을 언제 다 갚을지! 모든 분들 그저 미안하고, 또 고맙고 고마울 뿐….

전충진

독도지킴이
명예의 전당

강병극 경북 안동시/초가문화 대표	김도형 대구시 남구/공군 장교
강준우 경기 고양시/방송인	김민경 서울시 동대문구/서울시교육청
강지민 대구시 중구/㈜동행 이사	김민경 부산시 사상구/승무원
고은주 부산시 수영구/건강보험심사평가원	김민정 서울시 강동구/회사원
공은혜 대구시 중구/매일신문 기자	김상수 대구시 달서구/계명대학교 교수
권광선 경기 여주시/토닥토닥도서관 대표	김서준 대전시 동구/㈜소제하다 대표
권명수 경북 예천군/경북도 공무원	김송옥 대구시 수성구/대구시교육청
권옥자 대구시 남구/회계사	김아인 경북 예천군/풍천초등학교
권혜수 경기 남양주시/율이 집사	김영만 경북 울릉군/래우 대표
김경민 대구시 북구/경대푸드 이사	김영욱 경북 예천군/경북도 공무원
김규민 경북 예천군/호명초등학교	김영인 경북 예천군/풍천중학교
김기한 대구시 달서구/운송업	김영진 대구시 중구/학생
김다연 서울시 강남구/성악가	김예주 경북 청도군/이서고등학교
김덕곤 경북 경산시/타이코 에이엠피㈜	김예찬 경북 청도군/이서중학교

김인호 대구시 남구/자영업

김정민 경북 예천군/국제조경 대표

김정순 대구시 서구/영어강사

김종호 Stanford, USA/스탠퍼드대

김종헌 서울시 강남구/BMW강남점

김준현 대구시 중구/세무사

김지아 대구시 중구/센트럴자이 어린이집

김지안 경북 예천군/호명초등학교

김지우 대구시 중구/센트럴자이 어린이집

김해식 경북 예천군/경북도 공무원

김효민 경북 예천군/호명초등학교

남서련 대구시 동구/경북대학교 법전원

남학호 대구시 수성구/화가

노명숙 경북 청송군/PM4 대표

민효식 대구시 북구/자영업

박규열 대구시 중구/북방어학원 대표

박대근 경북 경산시/㈜대국지에스 대표

박선옥 대구시 동구/대구시교육청 서기관

박예상 경북 안동시/영가초등학교

박운석 대구시 수성구/한국발효술교육연구원

박원엽 경기 용인시/단국대학교

박은상 경북 안동시/영가초등학교

박정곤 대구시 수성구/행복한미래재단 대표

박종태 경북 청도군/아티스트

박지원 경북 청도군/초설당

박지혜 경북 예천군/경북도 공무원

박태상 경북 안동시/영가초등학교

박하영 대구시 남구/경북대 대학원

독도지킴이
명예의 전당

방경곤 대구시 수성구/대구시교육청

변민지 서울시 강남구/대한항공 승무원

변민서 대구시 남구/대학생

변민석 충북 제천시/대림건설

변민재 충북 진천군/한설조경

변선희 서울시 강남구/주부

서명혜 대구시 수성구/고산도서관장

서미향 대구시 수성구/주부

서정령 경북 예천군/경북도 공무원

성낙범 대구시 수성구/대구지방경찰청

성삼제 서울시 중구/전 서울대 사무국장

신동주 경기 안산시/프리랜서 여행가

신동훈 경북 예천군/경북일고등학교

신소율 경북 예천군/예천초등학교

안상호 대구시 중구/중구도심재생 대표

양형호 광주시 서구/유탑그룹 이사

여희숙 서울시 광진구/독도도서관친구들

오수연 경남 거제시/회사원

유주희 서울시 서초구/요리연구가

윤기웅 대구시 북구/대구지방경찰청

윤은경 경기 용인시/주부

이동우 대구시 남구/아티스트

이상경 대구시 남구/학생

이상화 대구시 남구/군인

이수민 서울시 은평구/한국부동산원

이영원 강원도 강릉시/초등교사

이영은 대구시 북구/영송여자고등학교

이영희 경북 영천시/한국복지사이버대 교수

이용수 경북 예천군/경북도 공무원	조수영 대구시 남구/한화손해보험
이원동 대구시 중구/서예작가	조태환 대구시 달성군/대구시교육청
이유리 대구시 동구/대구시청 공무원	조향래 대구시 달성군/언론인
이은하 경북 예천군/경북도 공무원	조효서 San Diego, USA/대학생
이인숙 대구시 수성구/미술사연구자	주재현 세종특별자치시/국세청 공무원
임광규 대구시 수성구/언론인	최우린 서울시 강남구/프리랜서 아나운서
임상희 부산시 연제구/건강보험심사평가원	최성진 대구시 달서구/유림연합의원 원장
장혜진 경북 예천군/대학교수	최정애 경남 거창군/한들약국 약사
전민수 대구시 수성구/영남공업고등학교	최준민 경북 예천군/풍서초등학교
전예린 서울시 강남구/대학생	최호중 대구시 수성구/툴기획㈜ 대표
전은해 대구시 남구/자영업	탁진학 대구시 수성구/코코리움 대표
전종현 경북 경산시/깐탕 경산점	하 희 대구시 수성구/민화작가
정설향 경기 용인시/주부	황주섭 경북 예천군/경북도 공무원
정지연 경기 용인시/프리랜서 디자이너	황현기 대구시 수성구/황현기내과 원장

독도를 걷다

독도 4계절 풍경과 꼭 알아야 할 상식

초판 1쇄 발행 2023년 6월 9일

지은이 전충진

발행처 밝은사람들
　　　　대구광역시 남구 현충로8길 9-4
　　　　T 053-660-6600　　F 053-656-8484
　　　　E hipr@hanmail.net　H www.hongbosil.com

ⓒ 전충진, 2023

이 책은 저작권법에 따라 보호를 받는 저작물이므로 무단 전재와 복제를
금하며, 이 책 내용의 전부 또는 일부를 사용하려면 반드시 저작권자의
동의를 받아야 합니다.

ISBN 979-11-86270-39-4

정가 17,000원

독도를 걷다

독도 4계절 풍경과 꼭 알아야 할 상식